U0052340

後背包手作研究所

全圖解最實用！肩帶、插扣、拉鍊、口袋製作教學超解析

水野佳子◎著

若是後背包也能像提包一樣製作，應該會很好玩吧！

我在這樣想著的同時，試著思考後背包與提包製作的不同之處。

以「後背」這個截然不同的型態，以及一定要閉合包口作為大前提，
配合用途與喜好…沒想到，製作後背包竟然出乎意料地簡單。

以使用家用縫紉機製作為先決條件，逐項列出說明與作品範例，
請先從特別想要了解之處，開始翻閱本書吧!

書中作品範例雖然大多使用尼龍材質，
但在作法頁面中也呈現出以棉布類布料製作時的感覺。

若是有「想要作看看!」的想法，請見本書Lesson1，
先從認識材料起步。
一邊進行各種想像，一邊閱讀本書製作作品。

每一天都是適合背著自製手作後背包的日子！

水野佳子

Contents

本書附錄　原寸紙型2張

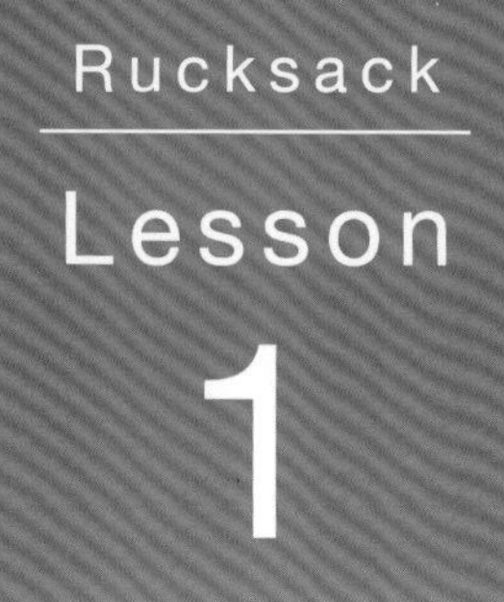
Rucksack
Lesson
1

選布

製作後背包的布料，無需夾襯，單層即可使用的種類較為實用且放心。
由於不同的材質，厚度與重量也會不同，
因此請一邊考量實用性等因素，一邊從各方面進行比較。

※標示的「厚度」是以本書中所使用的布料，單層進行測量，「重量」則是以製作成相同大小、形狀的成品（P.9迷你後背包的尺寸）進行計算，並且視情況接縫裡布製作。裡布的說明在P.6。

11號帆布

是耐用的棉布，11號不但易於家用縫紉機車縫，製成後背包厚度也剛好。號數越小越厚。若想使用8號帆布製作時，請先以11號帆布車縫試作較為保險。

厚度：0.93㎜　重量：117g

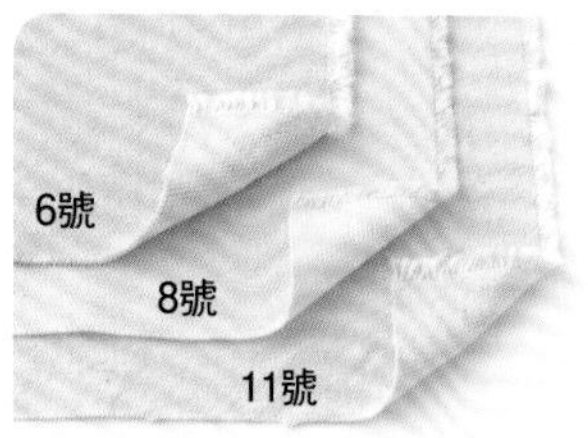
6號
8號
11號

6號相當厚，難以使用家用縫紉機製作後背包。

12盎司丹寧布

雖然會因為加工等因素而產生不同質感，但後背包建議使用12盎司，讓人可放心使用的厚度。材質是棉，盎司為重量單位，數字越大則越厚。丹寧布特有的藍色會因摩擦而導致染色，因此使用在會摩擦到的部分需要注意。

厚度：0.78㎜　重量：106g

☆迷你後背包作法頁中，所使用的是「刷毛丹寧布」，是加工成丹寧風格的葛城厚斜紋棉布（厚度：0.58mm）。

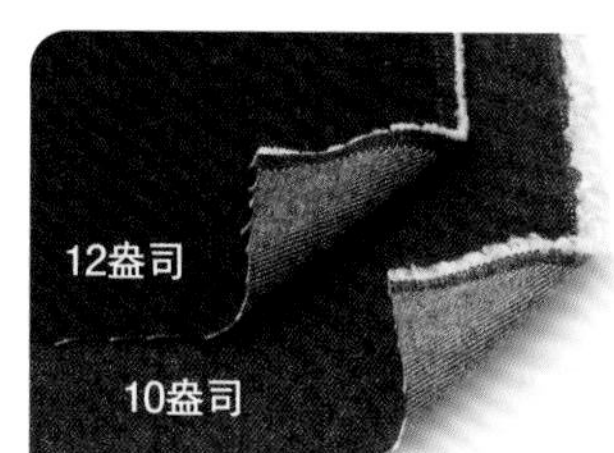
12盎司
10盎司

容易車縫的厚度
（10盎司的厚度：0.66mm）

羊毛

圖片中為人字紋。雖然帶有厚度，但編織強度較弱，因此製作成後背包時要貼上接著襯補強，並接縫裡布較讓人放心。

厚度：1.61㎜　重量：130g（有裡布）

要貼襯的只有羊毛

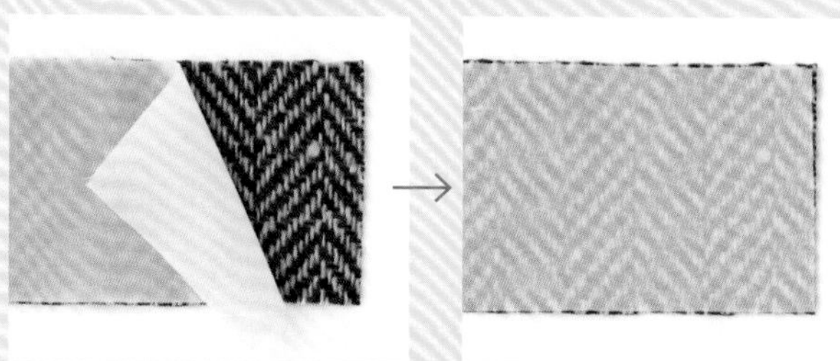

薄織物類型請連同縫份在布料背面（整面）貼襯。具有彈性的軟襯不會破壞羊毛手感，同時也不易剝落，非常推薦。

牛津布

經常用來製作提包的布料，若作成後背包會呈現出較單薄的感覺。亦可加入薄聚酯纖維或尼龍滌塔夫作為裡布，兼作補強。也有經過印刷或加工，稍微厚實一點的類型。材質為棉。

棉
尼龍

厚度：0.41㎜　重量：71g

同樣是牛津布，一旦材質不同質感也會不同。

棉麻帆布

由於棉質中摻入麻的成份，因此是硬挺感恰到好處的耐用布料。正反面皆有印花的雙面款式，還能享受不同用法的樂趣。在本書中也使用在後背包開口與口袋的說明。

厚度：0.45㎜　重量：79g

合成皮

合成皮革。在布料（基布）的表面塗佈一層樹脂，所以具有撥水性且耐髒污。由於是會留下針孔的布料，故無法重新車縫。背面會露出基布，因此需接縫裡布。厚度依照種類有所不同。

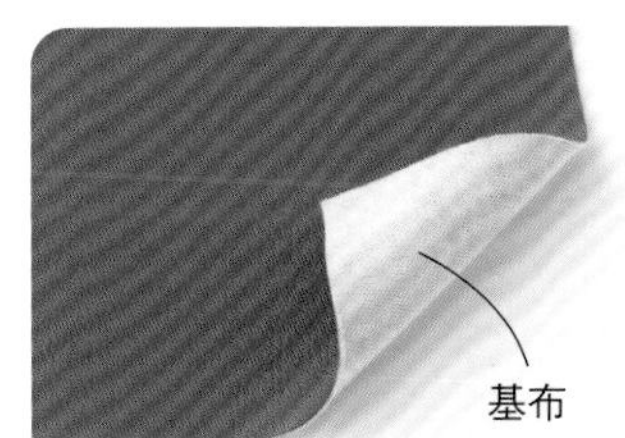

基布

厚度：0.88㎜　重量：184g（有裡布）
☆P.20束口後背包的合成皮，厚度：1.07mm

尼龍牛津布／撥水・水洗加工

即使同樣是「牛津布」，與棉質相比尼龍具有硬挺度。輕巧又有強度，是能放心使用的布料。水洗加工是帶有厚度的款式。會因加工而改變厚度與質感。熨燙時要以低溫耐心進行。

厚度：0.38㎜　重量：79g
☆P.69印花圓弧形後背包的尼龍牛津布，厚度：0.2mm

尼龍牛津布／
撥水・水洗加工

聚酯纖維／
撥水加工

聚酯纖維／撥水加工

雖然通常不表示在織物名稱上，但是與尼龍相比略帶光澤的輕盈布料。選擇撥水加工款式較佳。若覺得單層太薄時，接合薄聚酯纖維裡布會比較放心。

厚度：0.16㎜　重量：55g
☆P.20束口後背包的星星圖案聚酯纖維布，厚度：0.14mm

尼龍滌塔夫／撥水加工

夾入輕盈棉襯並以壓線固定，因此耐用且具有緩衝性，同時還能維持形狀，非常便於使用。由於可能會在取放物品時因摩擦造成壓線斷裂，因此車縫裡布較為放心。

厚度：1.25㎜　重量：90g（有裡布）

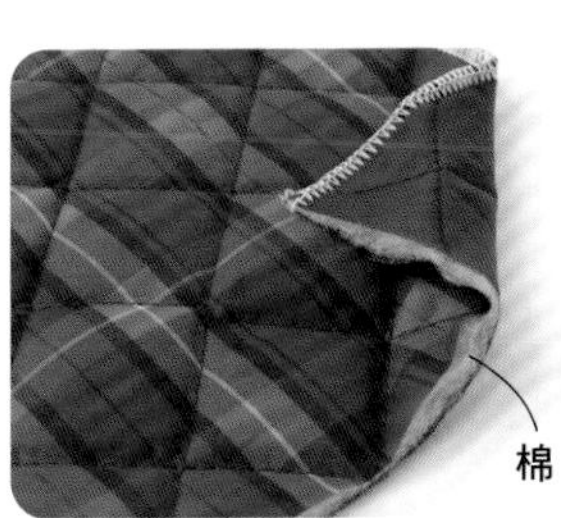

棉

接縫裡布

將輕薄耐用，通常用於環保袋製作的布料當成裡布接縫。

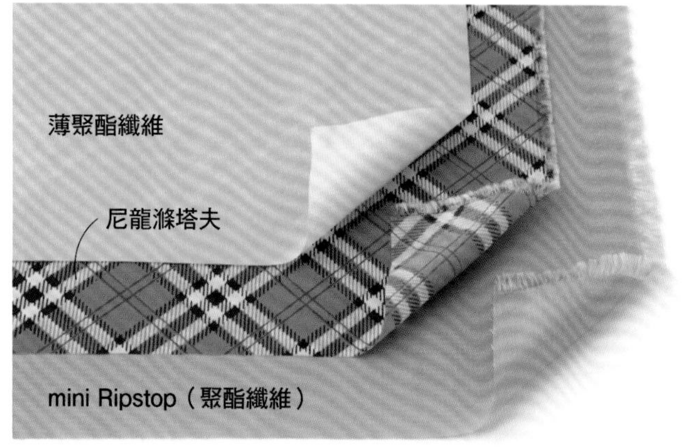
薄聚酯纖維
尼龍滌塔夫
mini Ripstop（聚酯纖維）

非常推薦撥水加工的聚酯纖維及尼龍材質，
耐髒污又輕巧。

為防止鋪棉壓線斷裂。

為避免背面基布外露。

為遮蔽內襯，
同時進行補強。

P.69 同時也兼作圓弧形口袋袋布的裡布。可避免厚度增加，同時更為耐用。

針與線

本書所刊登的後背包，全部使用14號車針，50～60號車縫線縫製。想讓車縫線更醒目的時候，就將車縫線替換成30號。若配合布料厚度選擇車針，縫合用的線選擇60號（50號）就沒問題。

關於過水

由於不像服裝一般，需要顧慮到會有洗後縮水的困擾，因此並非製作後背包的必要流程。丹寧布的水洗加工或是帆布的酵素洗加工，這類因加工使表面上漿剝落而變得柔軟的布料也很常見。加工過後的布料較不容易縮水，同時尼龍及聚酯纖維也不會因水洗而縮小。即使如此還是會擔心的話，請進行過水。

使用緩衝性的布料

將聚酯纖維材質等輕巧柔軟有彈性的布料，
使用在想要作得堅固，
以及分散壓力的部分（肩帶、背部面、底部）。

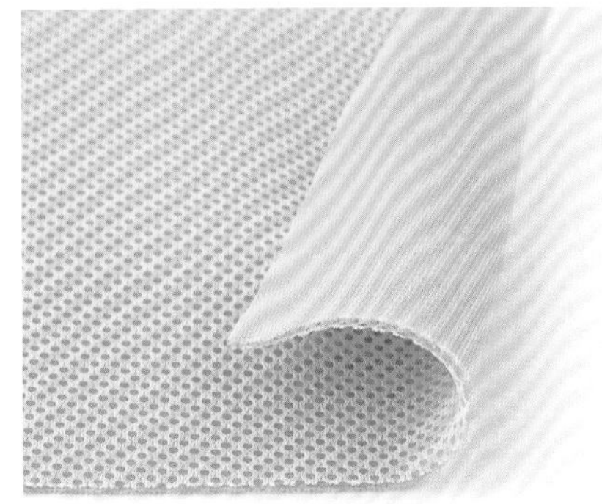

三明治網眼布（聚酯纖維）

看起來有如開洞一般的立體編織材質，是有厚度卻很輕盈的布料。透氣性高且具有緩衝性質，因此適用於肩帶與背部面。

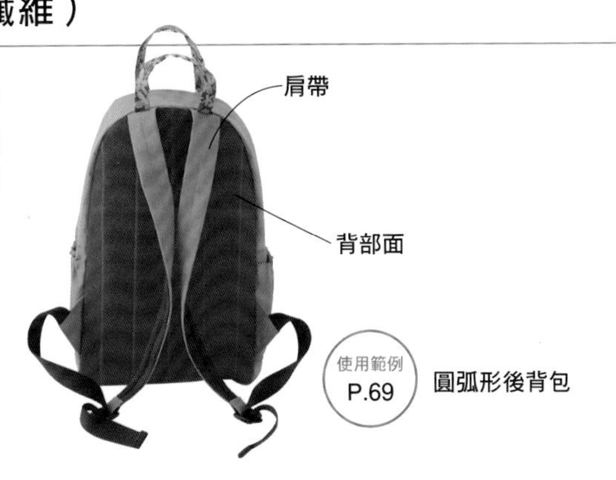

肩帶
背部面

使用範例 P.69 圓弧形後背包

尼龍牛津布 泡綿絎縫布

夾入的並非棉布而是PU泡綿進行絎縫的材質，因此耐用且具有厚度。比起一般鋪棉更有彈性。使用在肩帶與背部面，底部也適合。

（除了右邊之外，P.38掀蓋開口後背包也有使用）

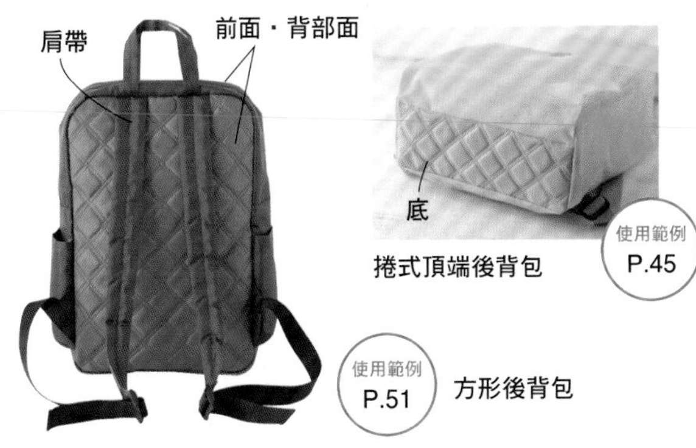

肩帶
前面・背部面
底

捲式頂端後背包 使用範例 P.45

使用範例 P.51 方形後背包

棉襯

用來夾在2片布料之間的輕量棉片。已上膠的熨燙黏貼款式，有分單膠鋪棉與雙膠鋪棉。使用在想增加厚度，希望作得堅固的部分。

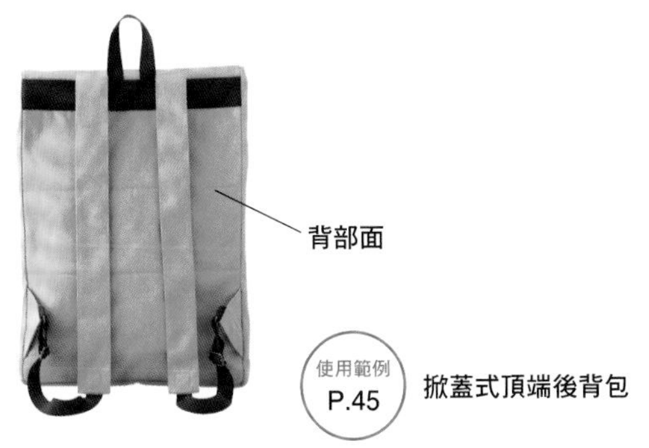

背部面

使用範例 P.45 掀蓋式頂端後背包

希望與布料共同選擇的拉鍊與背帶

使用在後背包開口或口袋開口的拉鍊，
以及為了背負所需的背帶。
無論何者都是應該配合布料選擇的附料。

拉鍊　依照種類與尺寸選擇

拉鍊的接縫法 ▶ Lesson3、5

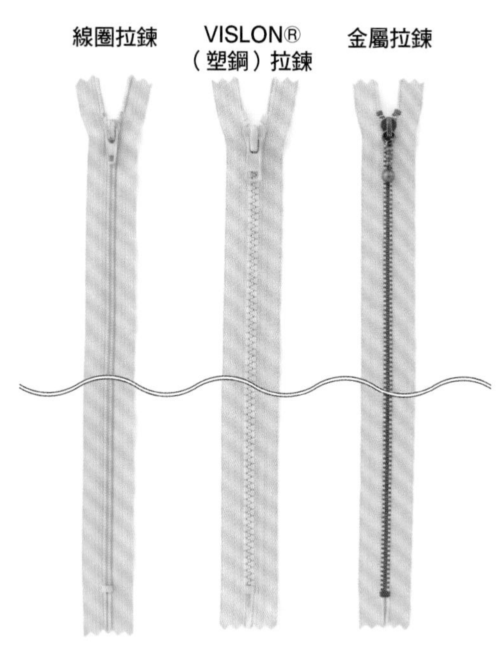
線圈拉鍊
VISLON®（塑鋼）拉鍊
金屬拉鍊

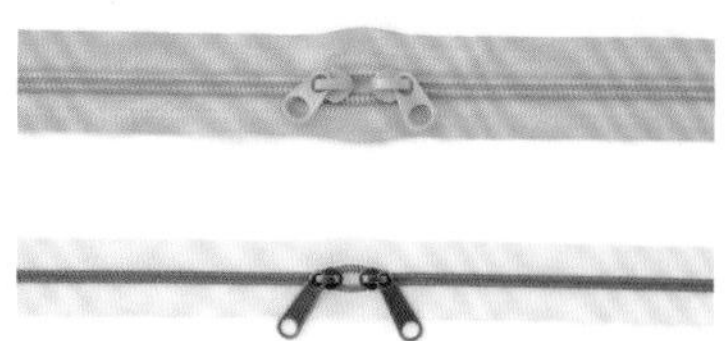

具有兩個拉頭，
無論哪一個都能進行開闔的拉鍊。

雖然搭配表布，作為設計元素進行選擇也很重要，但後背包比提包更需要具備強度。觀察市售品，多半為線圈拉鍊，是可輕易融入各種形狀，並且也方便手作時使用的種類。

拉鍊也有分尺寸

就像配合布料選擇針和線一樣，也請注意拉鍊的尺寸。本書所使用的是這三款。尺寸越小越適合薄布，在受力較大的部位則是以4以上較佳。

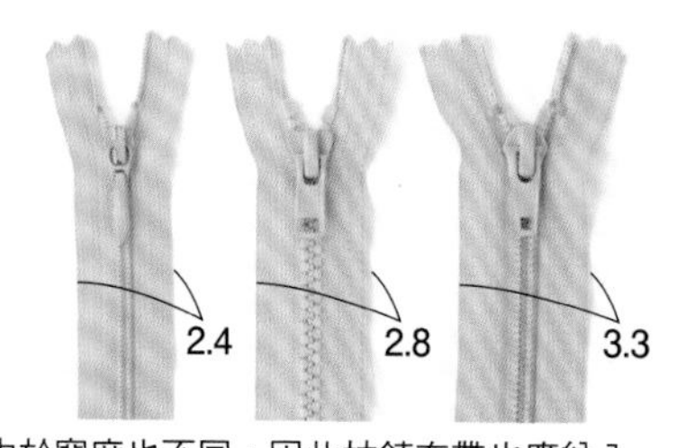
尺寸 3 4 5
2.4
2.8
3.3

由於寬度也不同，因此拉鍊布帶也應納入尺寸的參考。

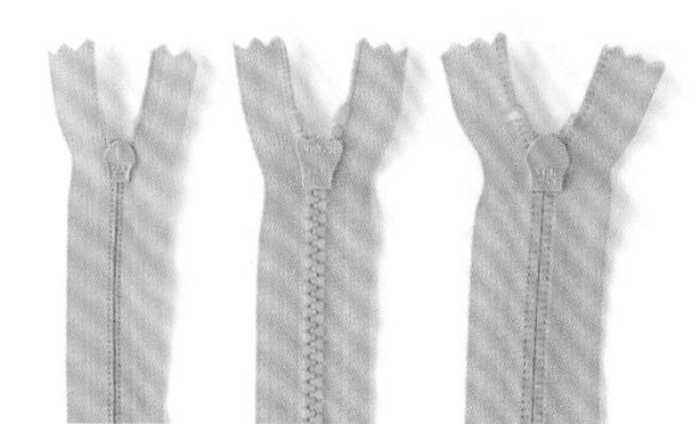

拉頭的背面有標註數字…

背帶　先想好要在何處如何運用，再從寬度與厚度選擇

織帶的種類 ▶ P.43

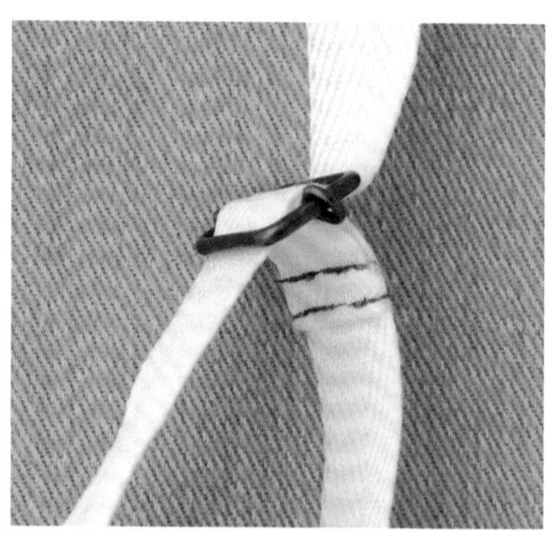

無論是穿入梯形環等配件使用、夾入後背包中車縫，又或是摺疊背帶末端車縫，按照用途所需條件也會不同。背帶由於有一定厚度，因此重疊太多層，有些布料種類可能會難以車縫。一部分可用布料製作的背帶來取代，這也是手作專屬的樂趣。

出現於作法頁→P.12、P.22、P.41

迷你後背包

原寸紙型D面

口袋與背包開口縫法相同，製作成肩帶可拆卸的形態。
肩帶亦可藉由不同的裝法改為斜背。
是可享受各種用法的小型後背包。

單層縫製

使用輕巧又耐用的水洗加工尼龍牛津布。以共布製作的背帶和提把，亦可改為織帶。

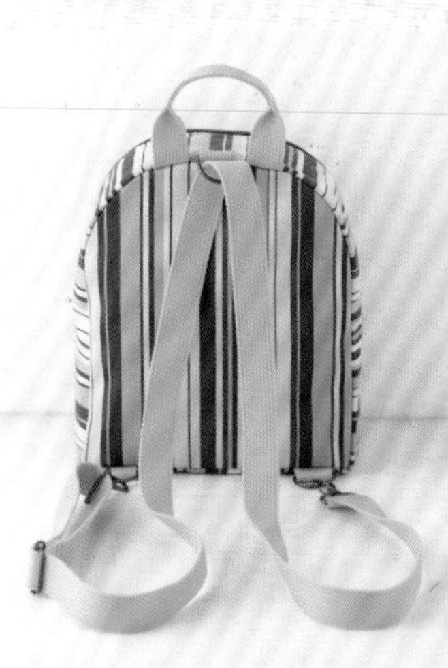

有裡布

11號帆布雖然也可以單獨使用，但由於是棉質，因此為了防止內側的髒污和補強，接縫了薄聚酯纖維布。

單層縫製的作法

＊布料與縫線使用不同顏色，以易於辨識。

材　料

○表布　90×40cm
○拉鍊（20cm）1條、（40cm）1條
○滾邊斜布條（寬1.8cm 兩摺式）　280cm
○D型環（寬2.5cm）　3個
○日字環（寬2.5cm）　1個
○問號鉤（寬2.5cm）　2個
○肩帶用織帶（寬2.5cm）　160cm

完成尺寸

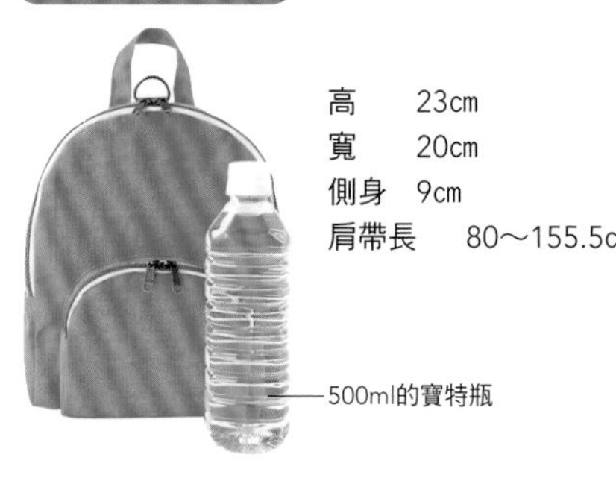
500ml的寶特瓶

高　23cm
寬　20cm
側身　9cm
肩帶長　80～155.5cm

裁布圖

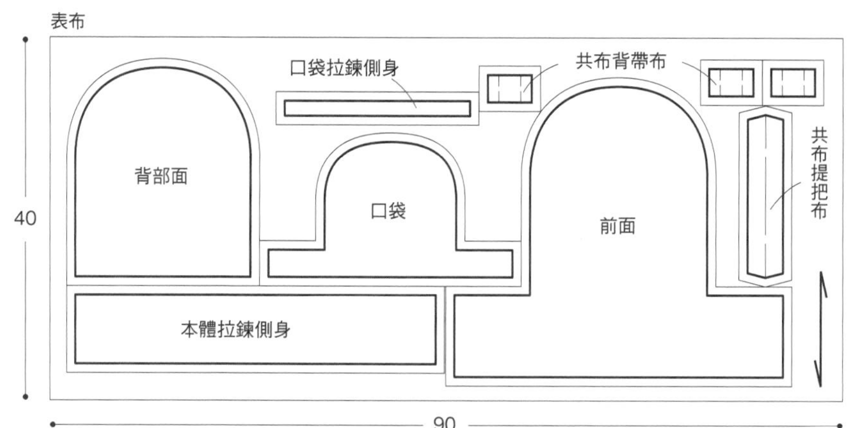
表布
口袋拉鍊側身
共布背帶布
背部面
口袋
前面
共布提把布
40
本體拉鍊側身
90

作法重點

這是即使沒有指定尺寸的拉鍊也能製作的方式。
當找不到合適的尺寸時，使用較長的線圈拉鍊（當然使用指定長度的拉鍊也能製作）。

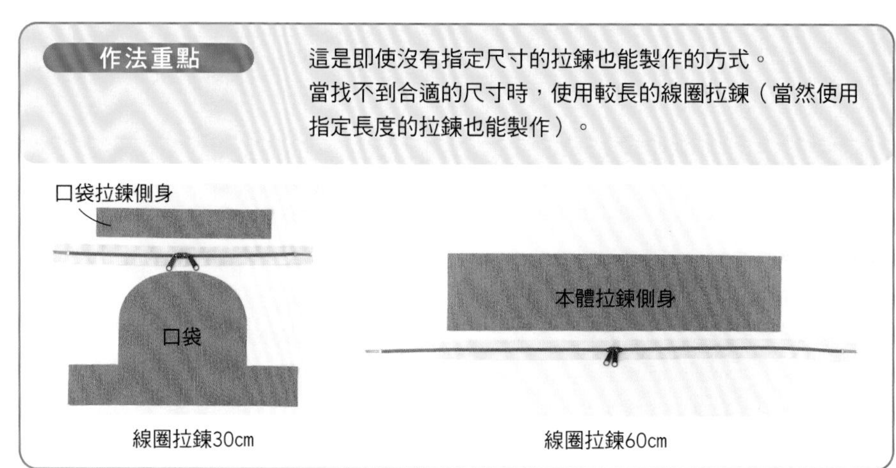
口袋拉鍊側身
口袋
本體拉鍊側身

線圈拉鍊30cm　　線圈拉鍊60cm

1 車縫口袋

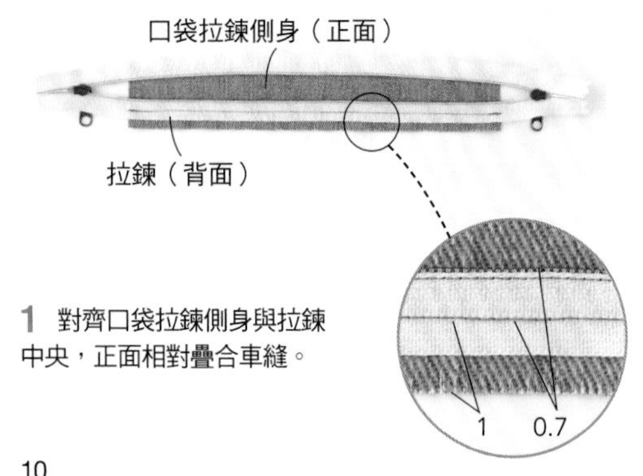
口袋拉鍊側身（正面）
拉鍊（背面）
1
0.7

1 對齊口袋拉鍊側身與拉鍊中央，正面相對疊合車縫。

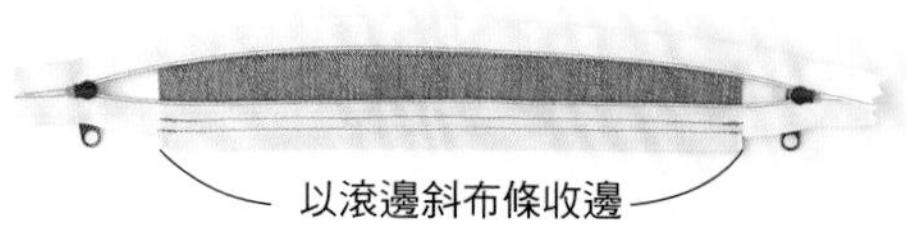
以滾邊斜布條收邊

2 以滾邊斜布條處理縫份。
（參照Lesson2 P.18基礎縫法）

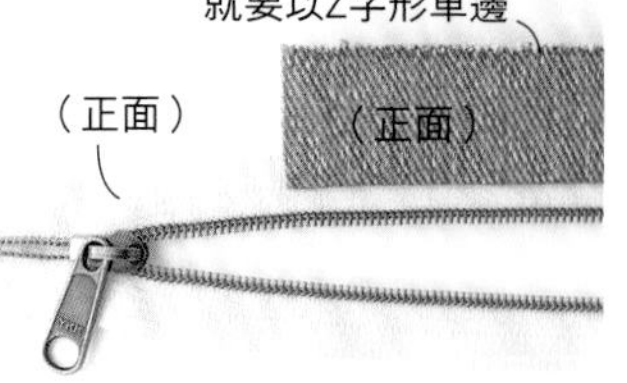
使用容易脫線的布料，
就要以Z字形車邊
（正面）
（正面）

3 縫份倒向側身。另一側也以相同方式車縫。

1

4 與口袋側面縫合。

5 對齊縫份修剪拉鍊，以滾邊斜布條收邊。縫份倒向側面。

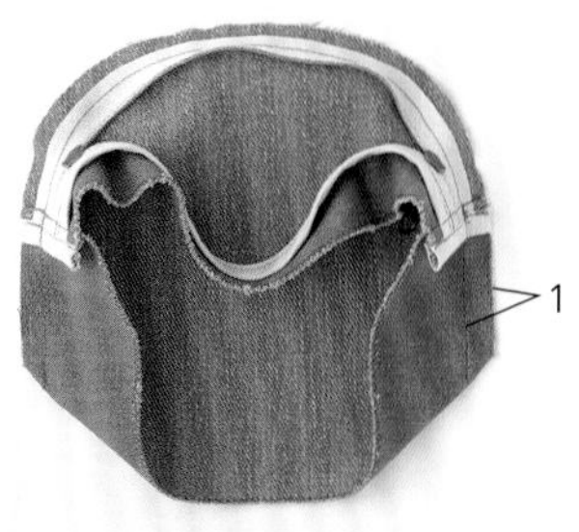
1

6 口袋正面與拉鍊側身正面相對疊合車縫，縫份以滾邊斜布條收邊。

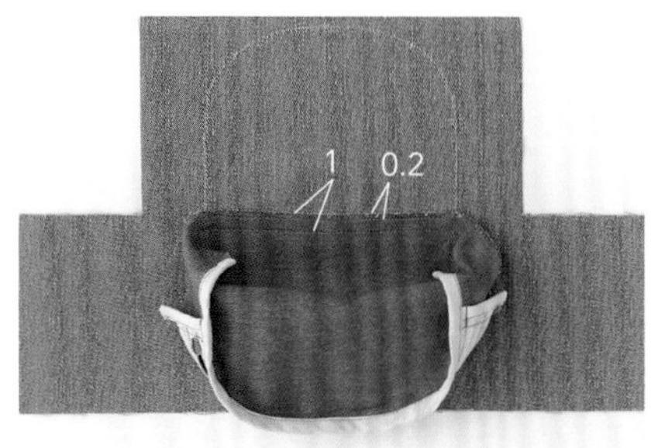
1
0.2

7 在本體正面的口袋接合位置，將口袋正面相對疊合，車縫底邊（參照Lesson5 P.58 步驟6）。

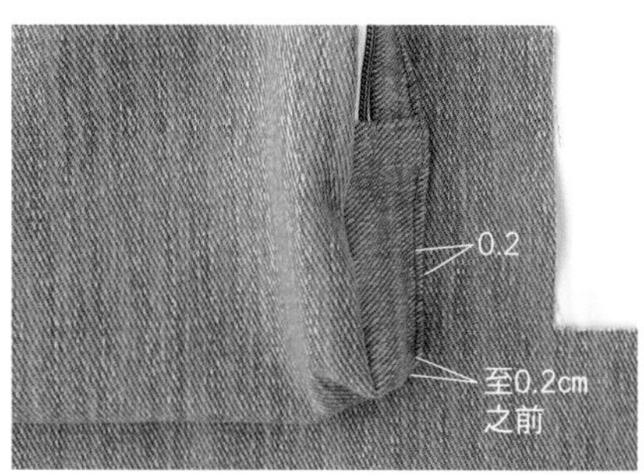
0.2
至0.2cm
之前

8 掀起口袋對齊記號，從角落0.2cm的位置車縫至另一側角落前方0.2cm。

2 車縫後背包開口

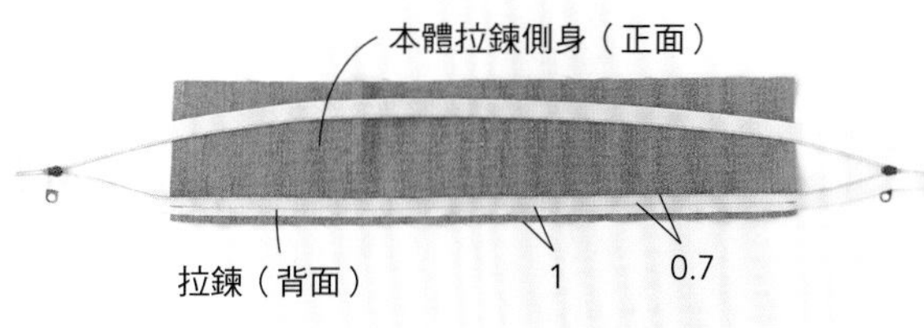
本體拉鍊側身（正面）
拉鍊（背面）
1
0.7

1 對齊本體拉鍊側身與拉鍊中央，正面相對疊合車縫（與接縫口袋拉鍊的作法相同）。

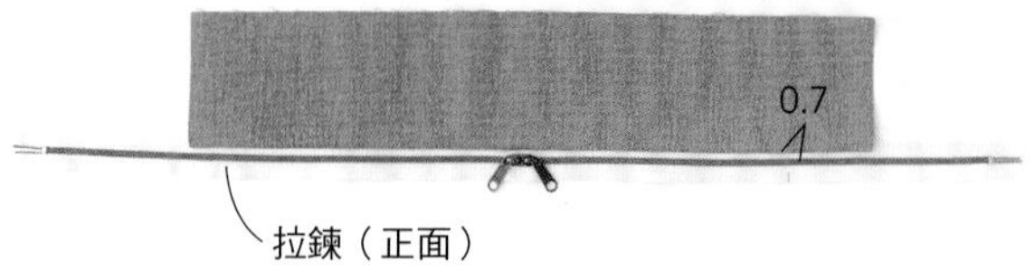
0.7
拉鍊（正面）

2 縫份以滾邊斜布條收邊，倒向側身。

3 與本體側面縫合。

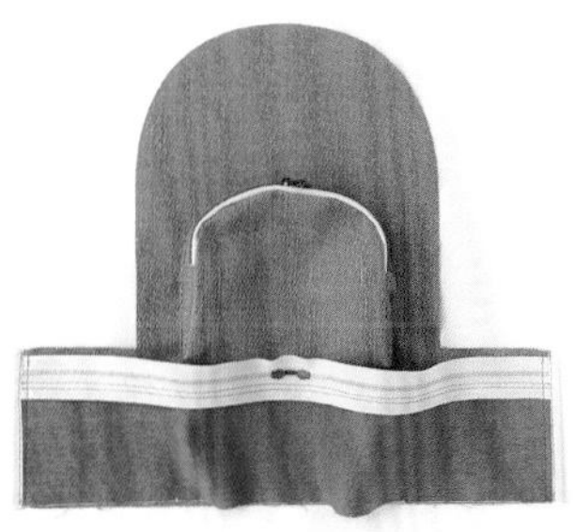

4 拉鍊對齊縫份修剪，以滾邊斜布條收邊。縫份倒向側面側。

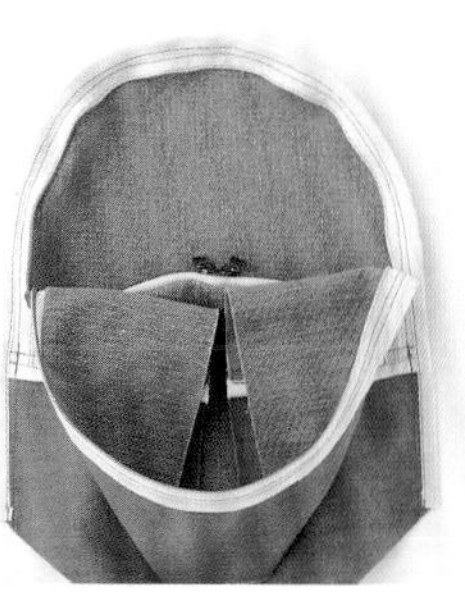

5 前面與拉鍊側身正面相對疊合縫合，以滾邊斜布條收邊。

③ 車縫共布背帶

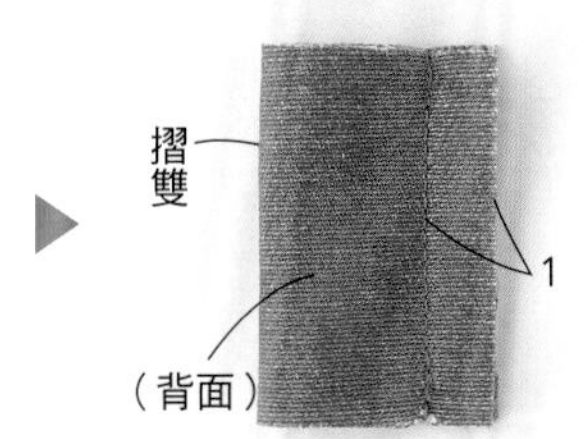
摺雙
1
（背面）

1 正面相對疊合車縫。

縫線
（正面）
摺雙
0.5

2 翻回正面。將縫線置於中央。

3 縫線置於內側，穿入D型環對摺並車縫固定。製作3個。

④ 製作提把

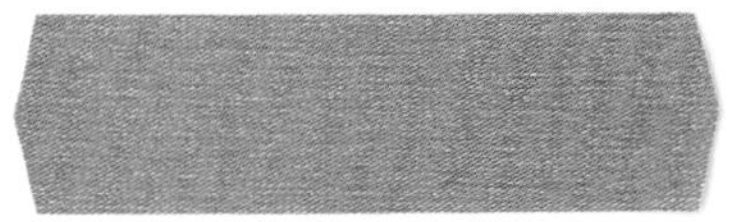

（背面）
摺雙

1 正面相對疊合對摺車縫。

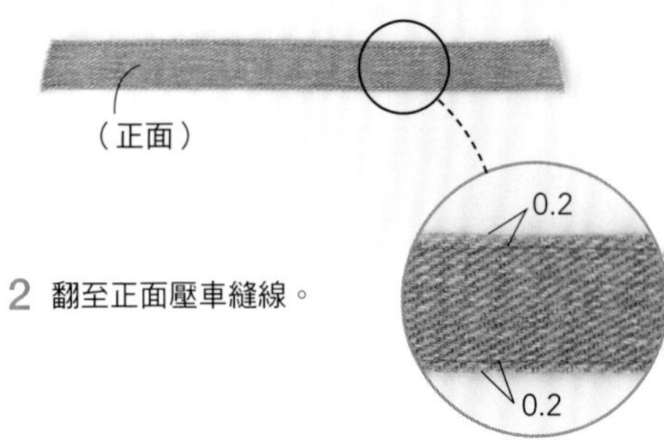
（正面）
0.2
0.2

2 翻至正面壓車縫線。

⑤ 車縫正面與背面

0.8
背部面（正面）
0.8

1 背部面上方暫時車縫固定提把與裝有D型環的背帶，底部左右暫時車縫固定裝有D型環的背帶。

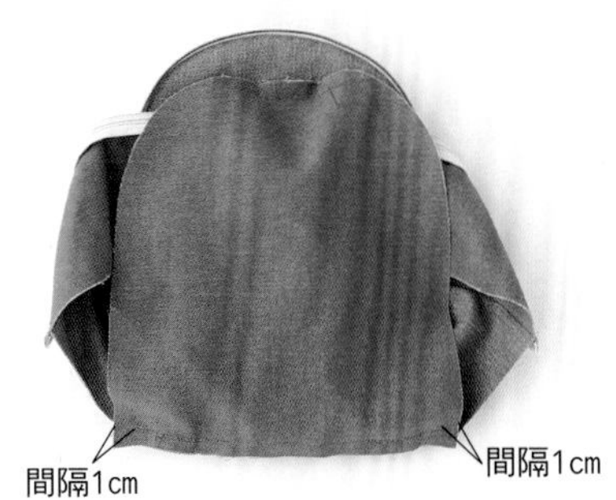
間隔1cm
間隔1cm

2 背部面與前面底部正面相對疊合，車縫底邊完成線角落至角落之間。

3 將拉鍊側身正面相對疊合，延續步驟2，車縫角落至角落之間。

4 縫份以滾邊斜布條收邊（參照Lesson2 P.18，基礎縫法・A）。

肩帶的作法 P.16

完成

接縫裡布的作法

＊布料與縫線使用不同顏色，以易於辨識。

材料

- ○表布　90×40cm
- ○裡布　90×40cm
- ○拉鍊（20cm）1條、（40cm）1條
- ○滾邊斜布條（寬1.8cm兩摺式）　250cm
- ○D型環（寬2.5cm）　3個
- ○日字環（寬2.5cm）　1個
- ○問號鉤（寬2.5cm）　2個
- ○織帶（寬2.5cm）　200cm

完成尺寸

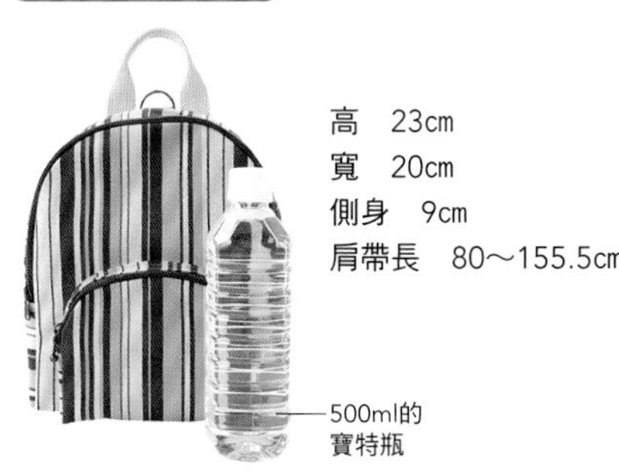
500ml的
寶特瓶

高　23cm
寬　20cm
側身　9cm
肩帶長　80～155.5cm

裁布圖

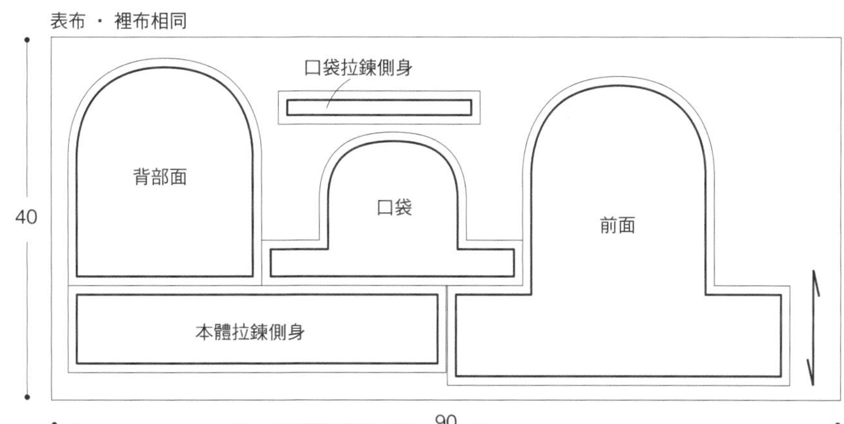
表布・裡布相同
口袋拉鍊側身
背部面
口袋
前面
本體拉鍊側身
40
90

作法重點

這是部分縫份以裡布遮蔽，俐落車縫的作法。裡布要選擇輕薄又耐用的類型（當無指定尺寸的拉鍊時，請參照單層縫製的作法）。

1 車縫口袋

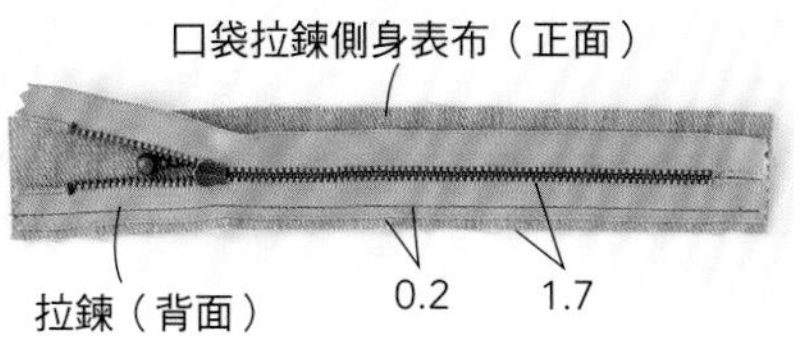
口袋拉鍊側身表布（正面）
拉鍊（背面）
0.2
1.7

1 將口袋拉鍊側身表布與拉鍊正面相對疊合，暫時車縫固定。

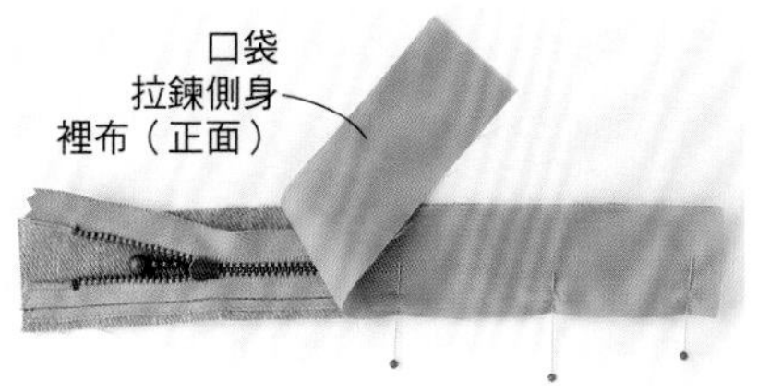
口袋
拉鍊側身
裡布（正面）

2 將口袋拉鍊側身裡布正面相對疊合，暫時車縫固定。

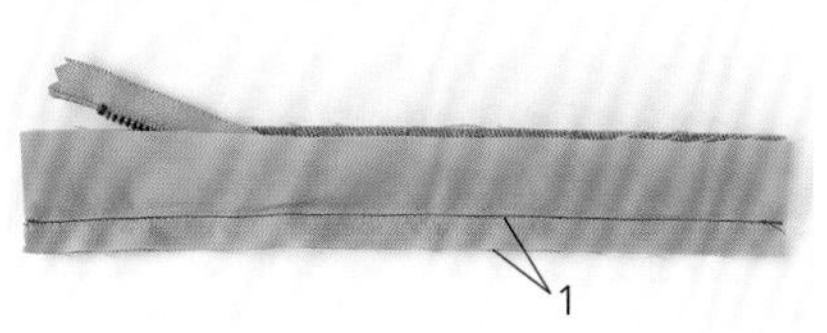
1

3 車縫

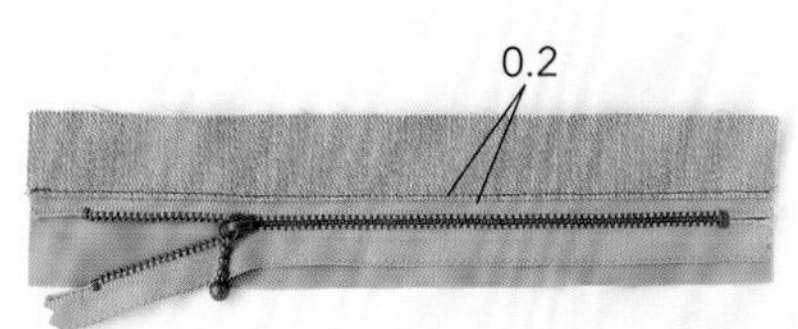
0.2

4 縫份倒向側身側，避開裡布壓車縫線。

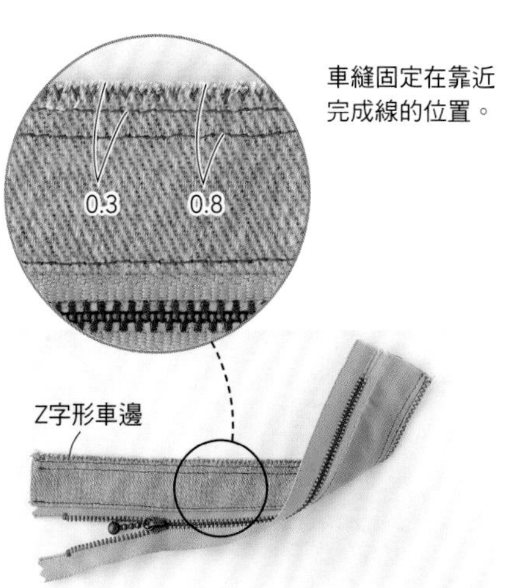
0.3
0.8
Z字形車邊

車縫固定在靠近完成線的位置。

5 對齊表布與裡布的裁邊車縫固定，並進行Z字形車縫。

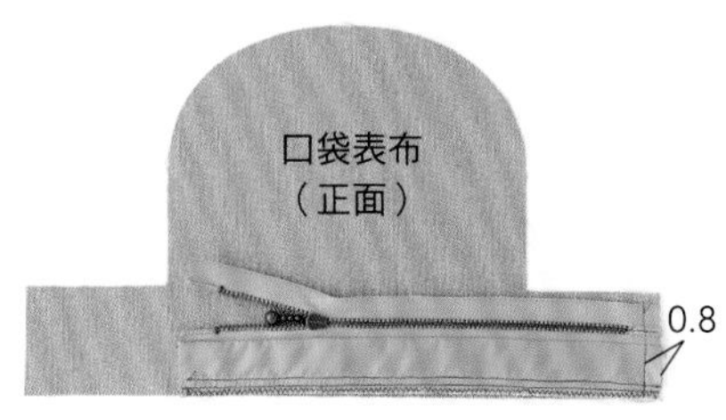
口袋表布
（正面）
0.8

6 與口袋側面正面相對疊合對齊，暫時車縫固定。

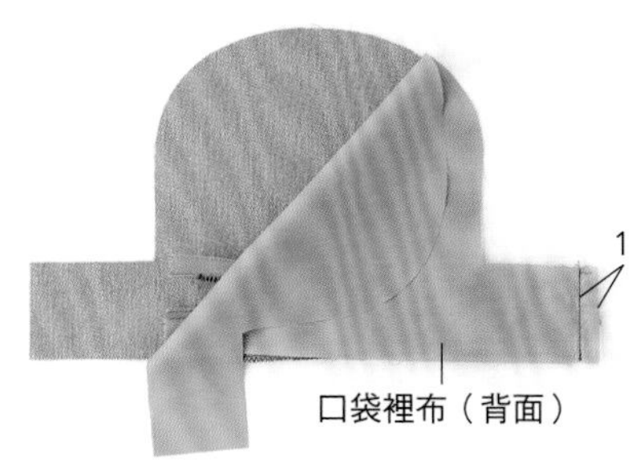
1
口袋裡布（背面）

7 將口袋裡布正面相對疊合並車縫固定。

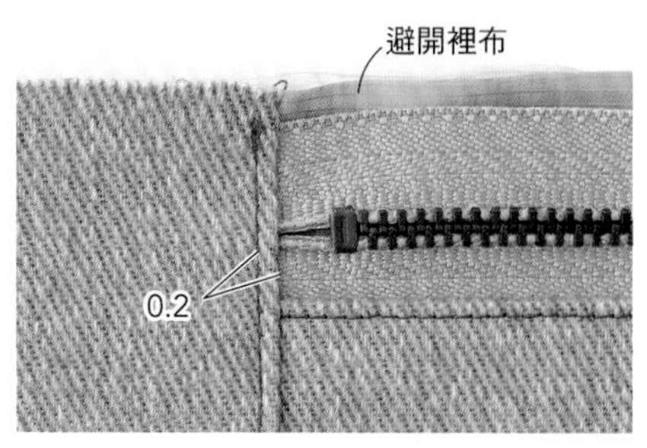
避開裡布
0.2

8 縫份倒向側面，避開裡布壓車縫線。

0.8

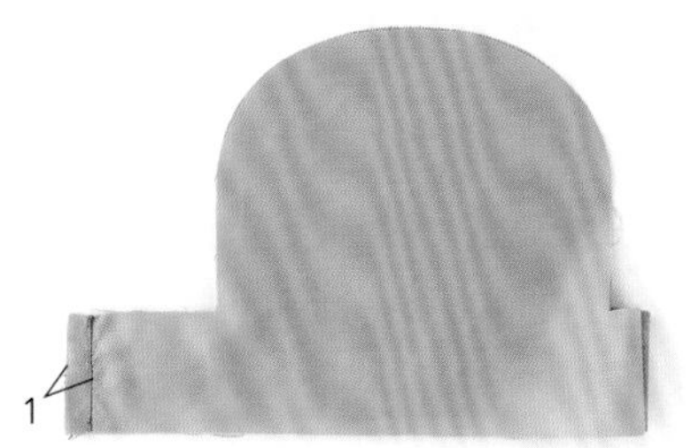
1

9 另一側也以相同方式車縫。

0.3

10 對齊口袋表布與裡布，車縫固定四周。

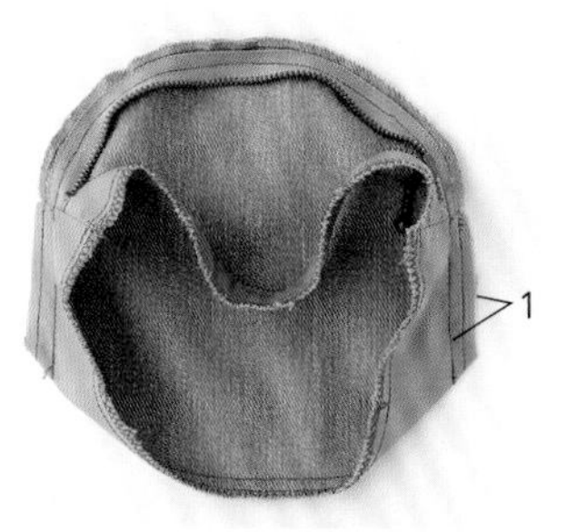
1

滾邊斜布條收邊

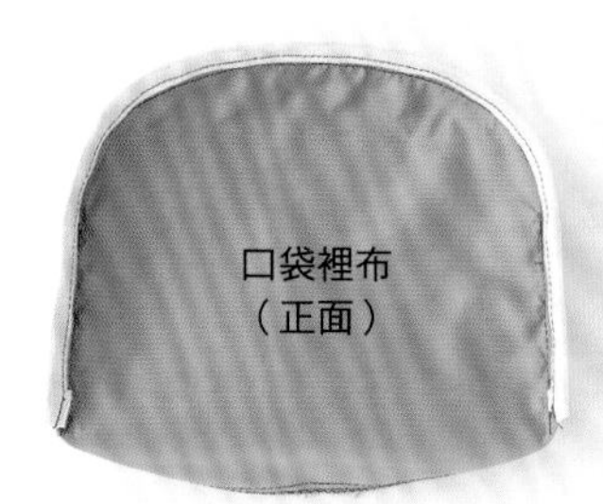
口袋裡布
（正面）

11 口袋前面與拉鍊側身正面相對疊合車縫，縫份以滾邊斜布條收邊。

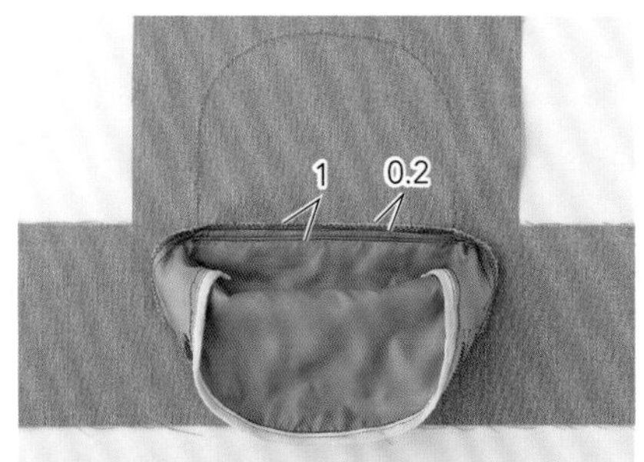
1
0.2

12 將口袋正面相對疊合於本體正面的口袋接合位置，車縫底邊（參照Lesson5 P.58，步驟6）。

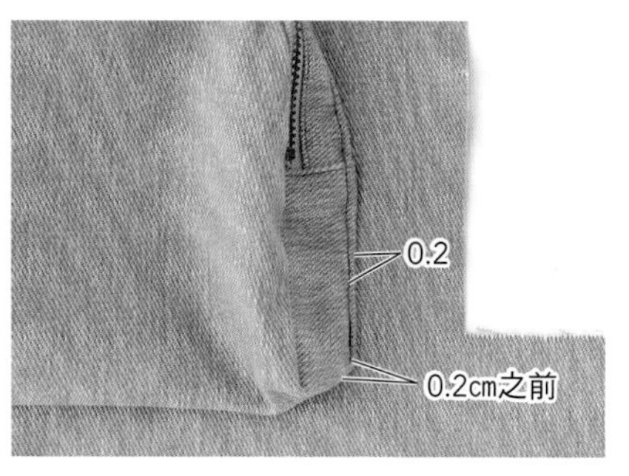
0.2
0.2cm之前

13 立起口袋對齊記號，從角落0.2cm的位置車縫至另一側角落0.2cm之前。

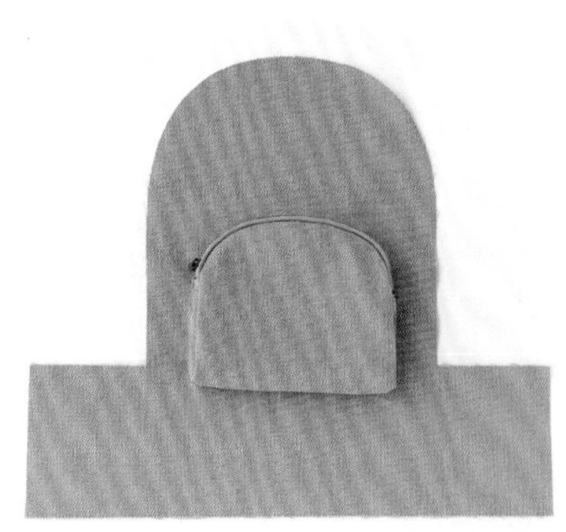

2 車縫後背包開口

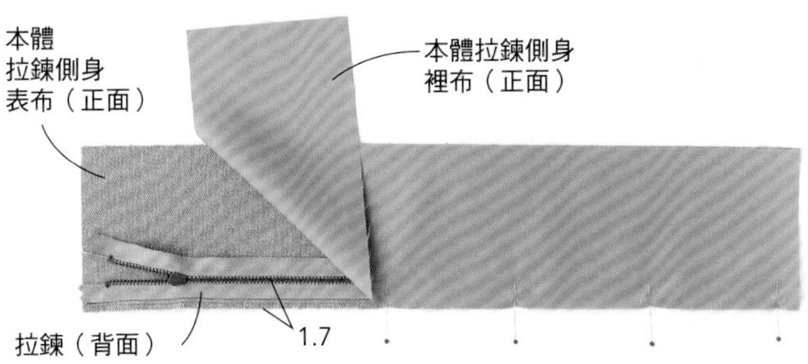
本體
拉鍊側身
表布（正面）
本體拉鍊側身
裡布（正面）
拉鍊（背面）
1.7

1 將本體拉鍊側身表布與拉鍊正面相對疊合，暫時車縫固定，並將拉鍊側身裡布正面相對疊合進行車縫（口袋拉鍊也以相同方式接縫）。

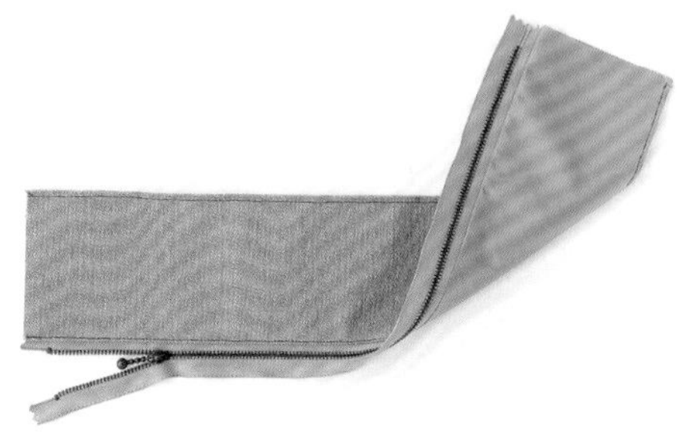

2 縫份倒向側面側，避開裡布壓車縫線。對齊表布與裡布裁邊車縫固定。

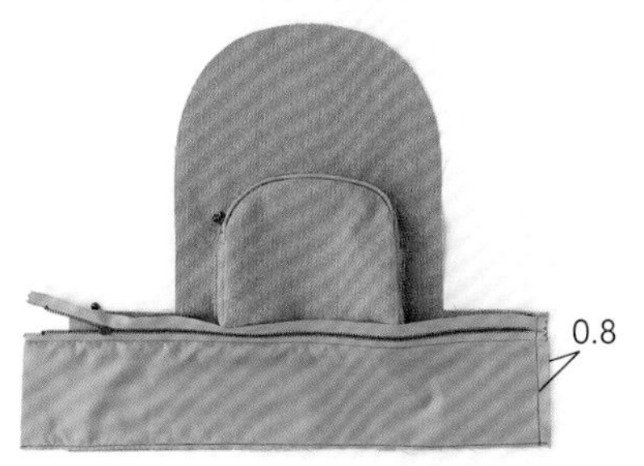
0.8

3 與本體側面正面相對疊合暫時車縫固定。

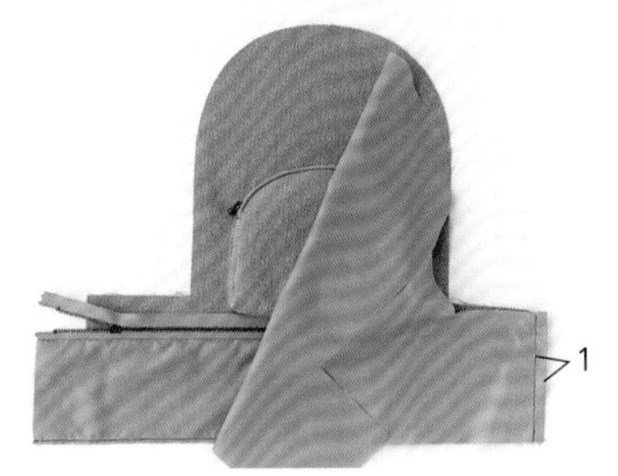
1

4 將裡布正面相對疊合車縫。

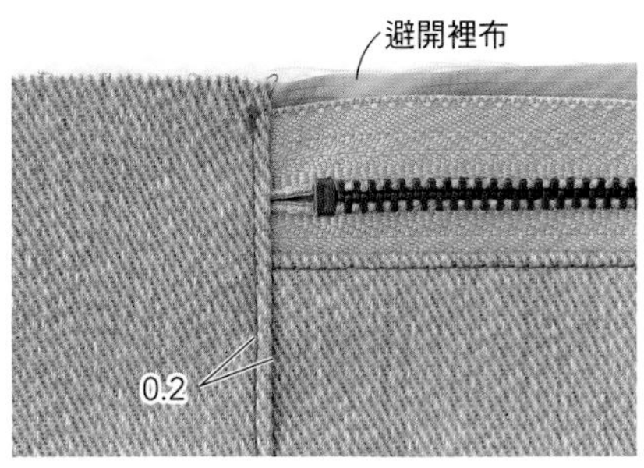
避開裡布
0.2

5 縫份倒向側面，避開裡布壓車縫線。

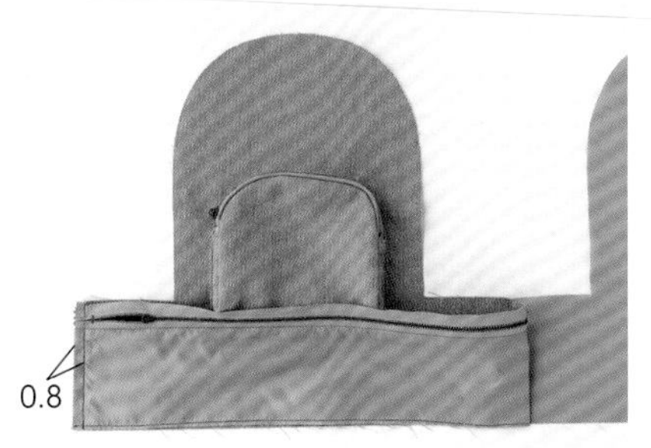
0.8

6 另一側也以相同方式車縫。

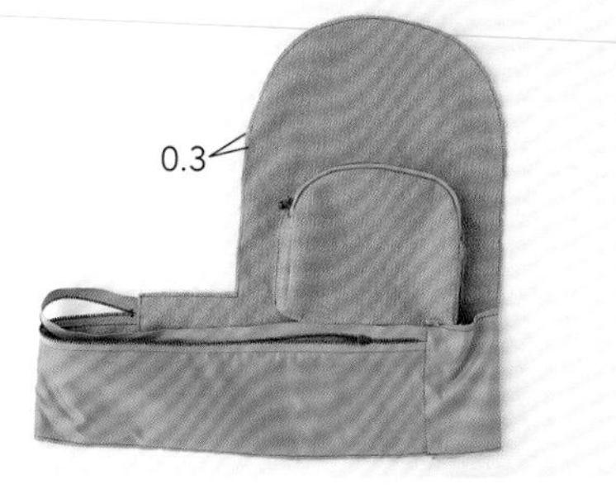
0.3

7 前面表布與裡布對齊，與四周縫合固定。

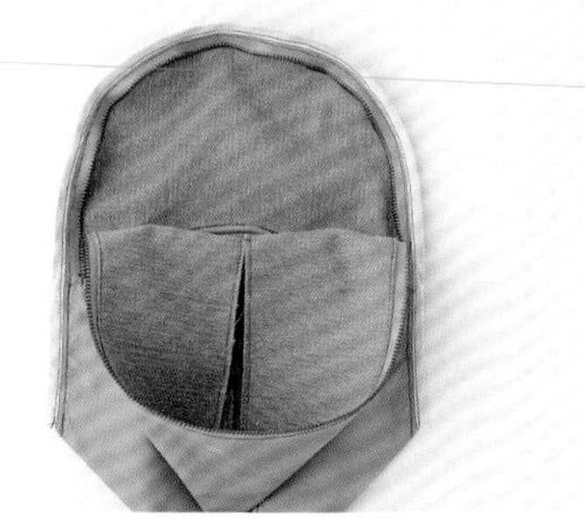

8 前面與拉鍊側身正面相對疊合車縫，縫份以滾邊斜布條收邊。

3 車縫背帶

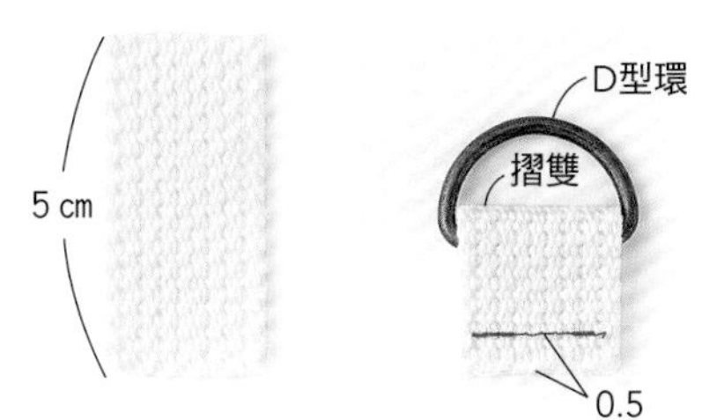
5 cm
D型環
摺雙
0.5

1 將D型環穿入背帶，對摺車縫固定。製作3個。

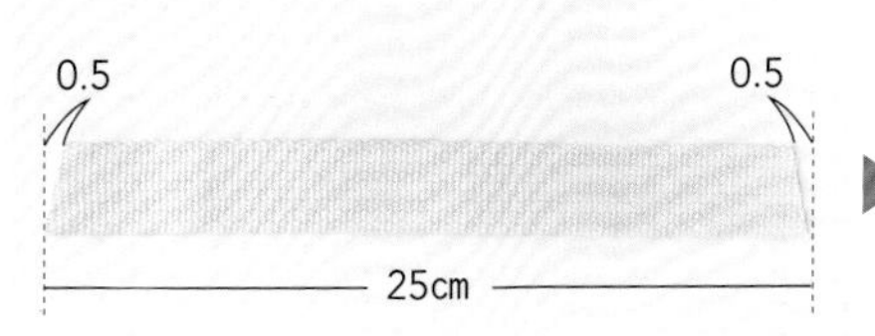
0.5
0.5
25cm
摺雙
0.2～0.3
12

2 將提把用的背帶從中央對摺，對齊背帶邊端車縫。

4 縫合正面與背部面

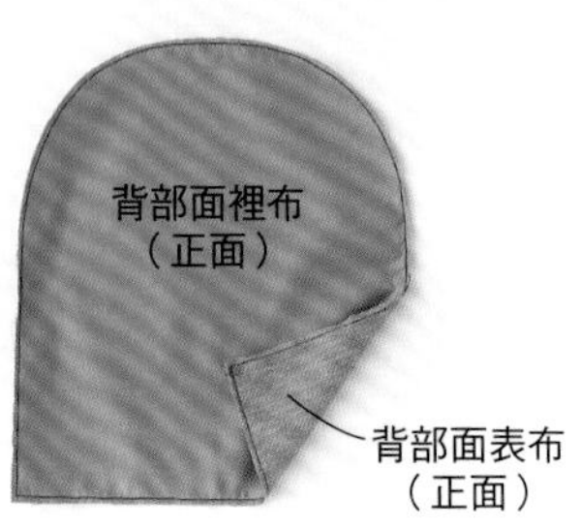
背部面裡布
（正面）
背部面表布
（正面）

1 將背部面表布與裡布背面相對疊合，車縫固定四周。

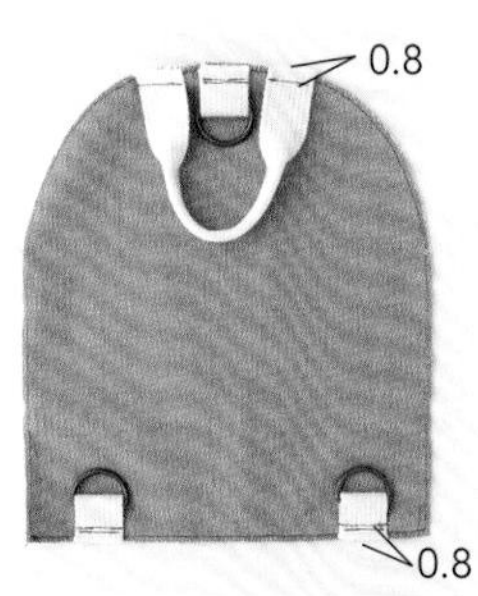
0.8
0.8

2 在背部面上方暫時車縫固定提把與裝有D型環的背帶，底邊左右暫時車縫固定裝有D型環的背帶。

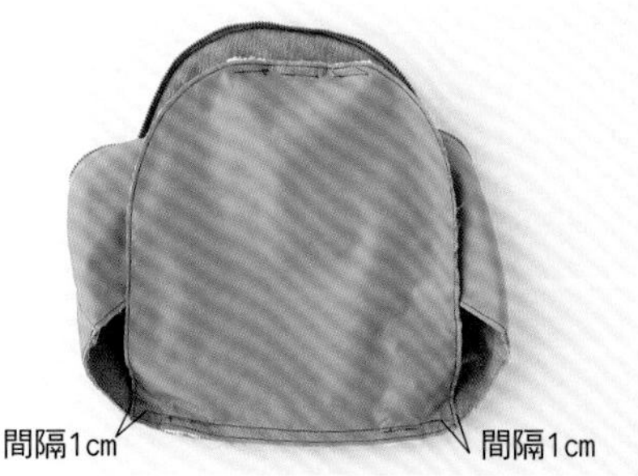
間隔1cm
間隔1cm

3 將背部面與正面底部正面相對疊合，車縫底邊完成線的角落與角落之間。

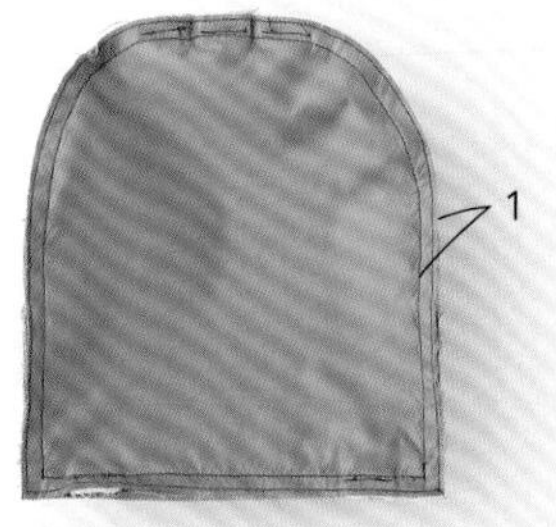
1

4 將背部面與拉鍊側身正面相對疊合，延續步驟3，車縫角落與角落之間。

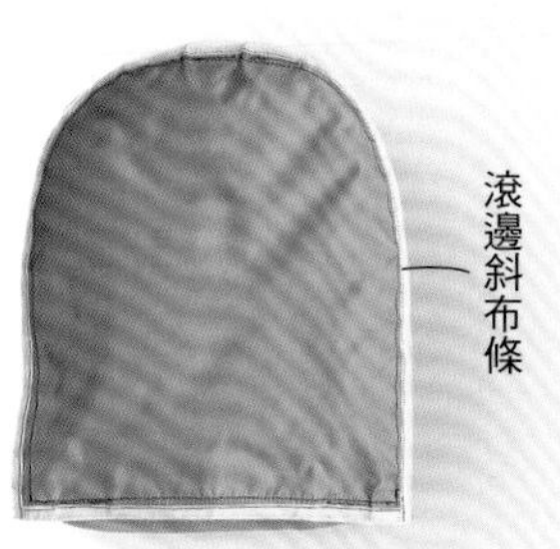
滾邊斜布條

5 縫份以滾邊斜布條收邊（參照Lesson2 P.18，基礎縫法・A）

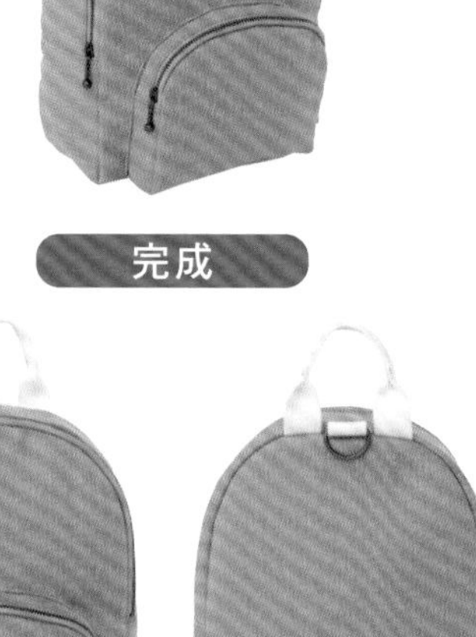

完成

肩帶的作法

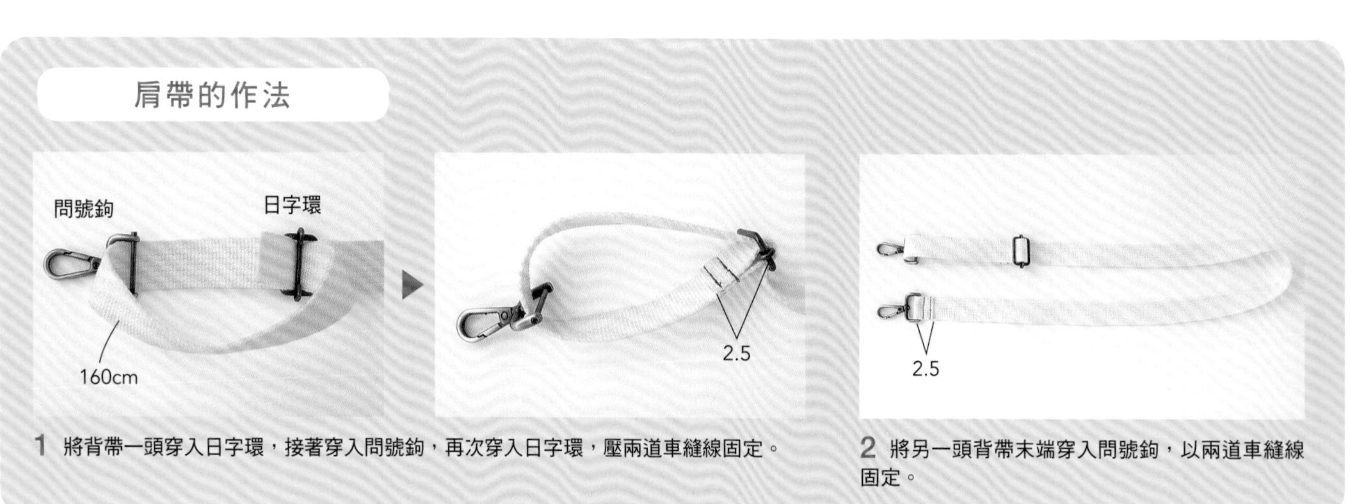
問號鉤
日字環
160cm
2.5
2.5

1 將背帶一頭穿入日字環，接著穿入問號鉤，再次穿入日字環，壓兩道車縫線固定。

2 將另一頭背帶末端穿入問號鉤，以兩道車縫線固定。

Rucksack

Lesson 2

縫份的處理

為避免縫合完成的布料裁邊脫線，以滾邊斜布條進行收邊。
由於是經常會與內容物接觸的部分，因此像捲邊縫或拷克這種不會勾線的作法較無壓力，並且可利用堅固地收邊增加強度，同時也容易維持後背包的形狀。
收邊的寬度以能夠收納於寬1cm縫份內的0.8cm為基準，
請準備兩側摺疊完成的滾邊條。

滾邊斜布條

與布料織線呈45度稱作斜布紋，是依照此方向裁剪成的條狀物。
由於是將裁邊摺入包捲進行使用，
因此所需寬度是完成寬度X4倍。

市售滾邊條

使用市售滾邊條時，兩側已摺疊，寬1.8cm（18mm）的種類較好用。對摺後0.9cm，由於包捲的縫份有厚度，因此完成寬度會在0.7～0.8cm。

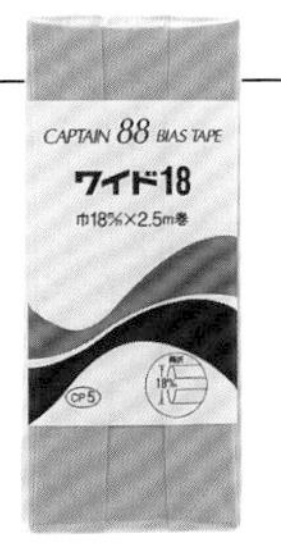
CAPTAIN 88 BIAS TAPE
ワイド18
巾18%×2.5m巻

1.8cm

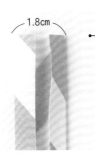

1.8cm

以布料製作

製作滾邊條，能作出兩端已摺疊狀態的滾邊器非常方便。大約到細平布左右的薄度，棉或是近似棉的材質，以熨斗容易燙出褶線的布料較佳。

◉ 兩摺滾邊斜布條的作法

剪下兩摺1.8cm的完成寬度×2的滾邊斜布條，
連接成需要的長度進行使用。

以 $\frac{布寬}{2}$（約55cm）×50cm，
可作出約600cm的滾邊條！

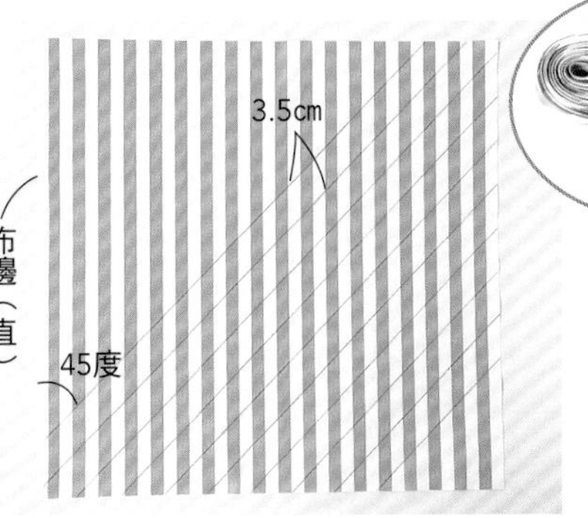
3.5cm
布邊（直）
45度

1 按照斜布紋以寬3.5cm進行裁剪。

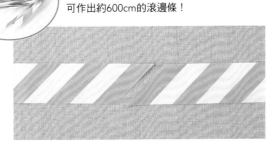

2 依照布紋斜向接合。

90度
正面相對
疊合對齊

3 若想要縫線稍微細一點，不進行回針車縫也沒問題。

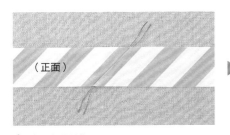

（正面）

4 連接完成的樣子。

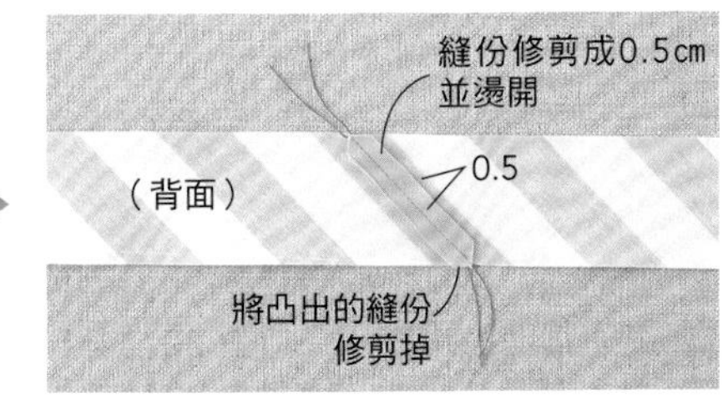
縫份修剪成0.5cm
並燙開
0.5
（背面）
將凸出的縫份
修剪掉

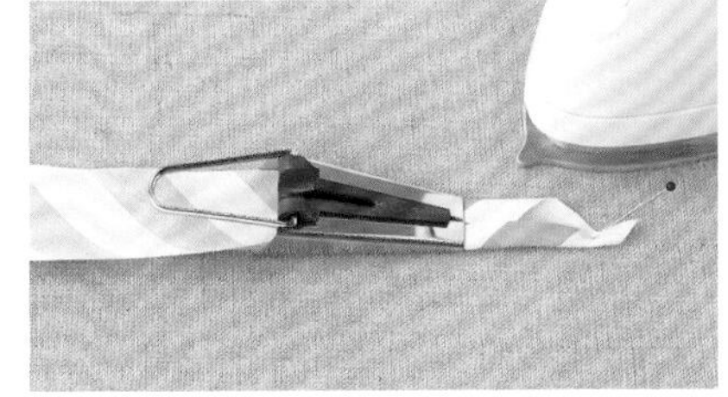

5 以熨斗燙摺兩側。

縫法

雖然使用兩側摺疊的滾邊條，但要打開摺線，車縫固定單邊之後，再包捲縫份。

◉ 基礎縫法

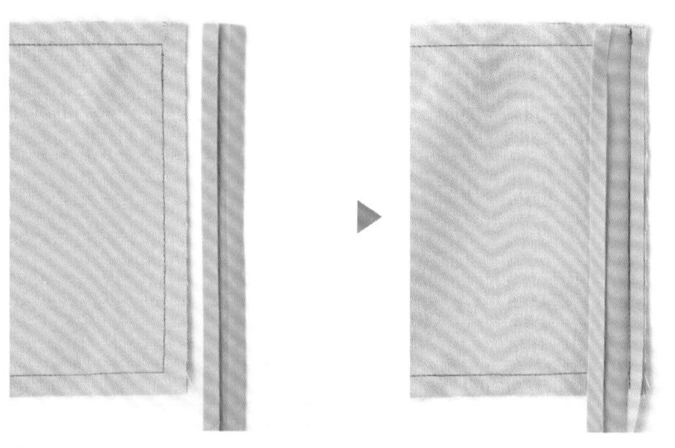

1 車縫於褶線略偏縫份側。

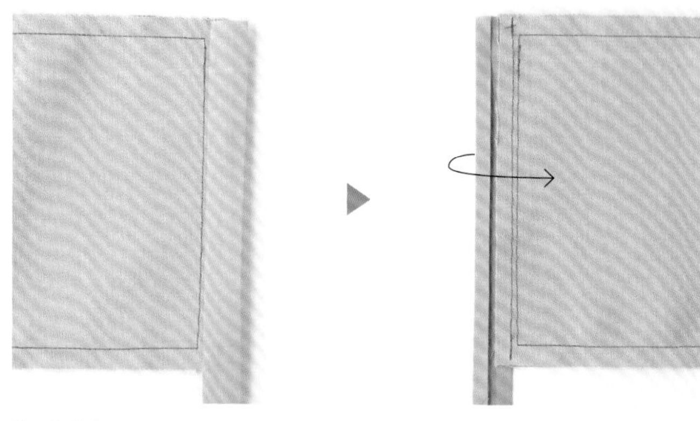

2 將滾邊條翻到背面側包捲縫份。

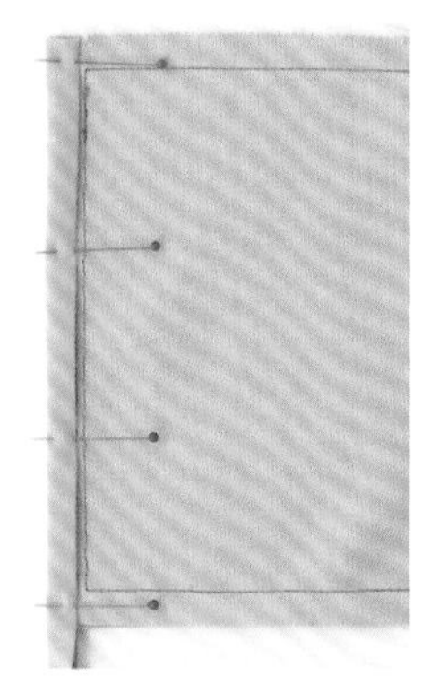

3 將作法1的縫線對齊滾邊條摺線邊緣，以珠針固定。

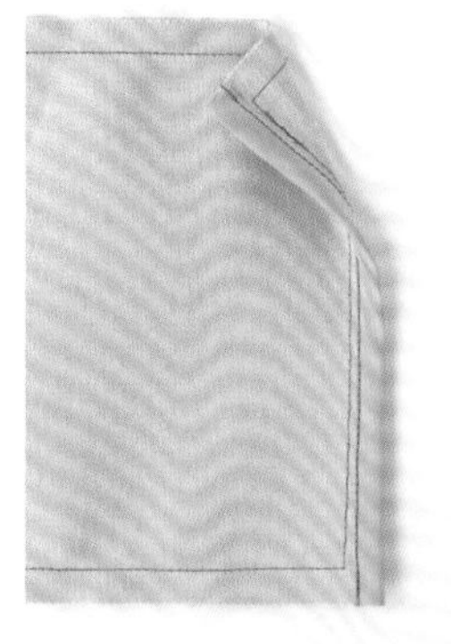

4 車縫摺線邊緣（從正面側或背面側車縫皆可）。

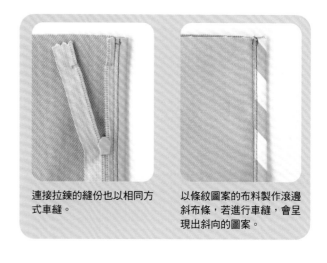

連接拉鍊的縫份也以相同方式車縫。

以條紋圖案的布料製作滾邊斜布條，若進行車縫，會呈現出斜向的圖案。

◉ 滾邊條邊端的車縫法

A 延長車縫並固定

這是完成之後，不會露出於正面部分的車縫法。
雖然滾邊條末端沒有加縫份，但由於是斜布紋，所以不會綻線。

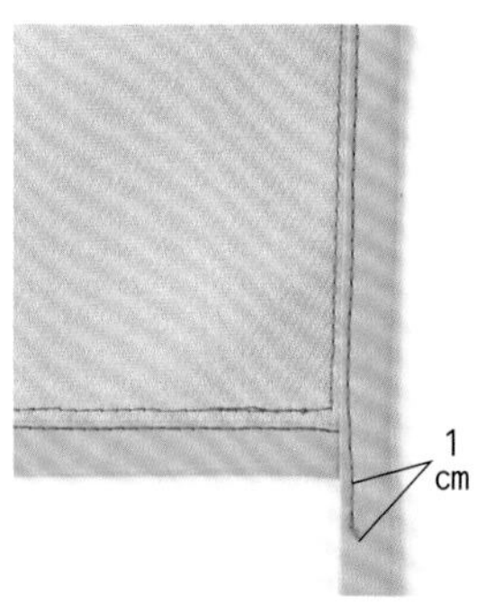
1
cm

1 重疊在已完成收邊的滾邊條上，並延續車縫約1cm。

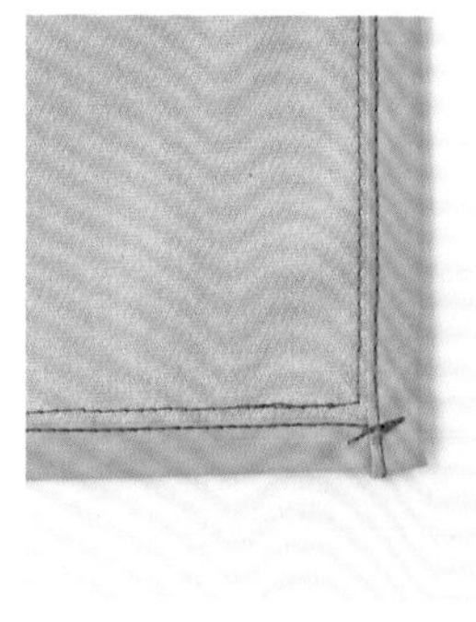

2 向上翻摺車縫固定，並剪斷滾邊條。

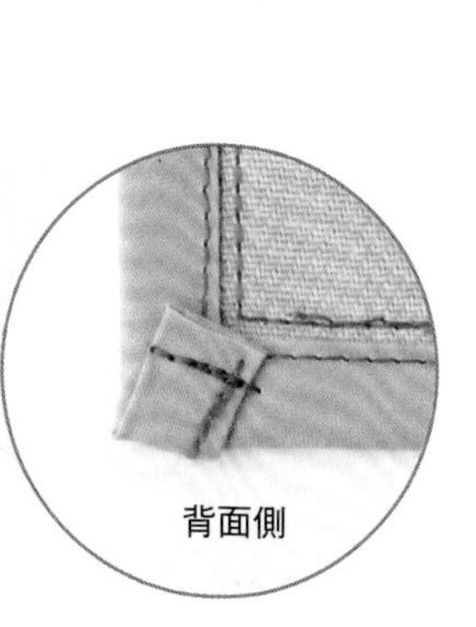

背面側

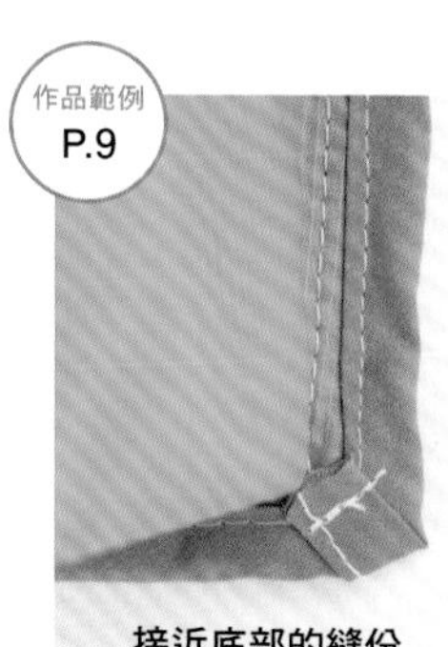
作品範例
P.9

接近底部的縫份

B 摺入車縫

車縫之後，外露部分的車縫方式。收邊時，滾邊條裁邊請避免露出。

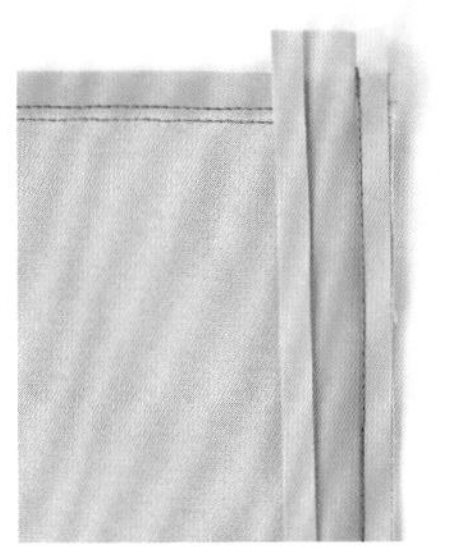

1 在已經處理完畢的滾邊條末端，多加上1cm的長度，開始車縫。

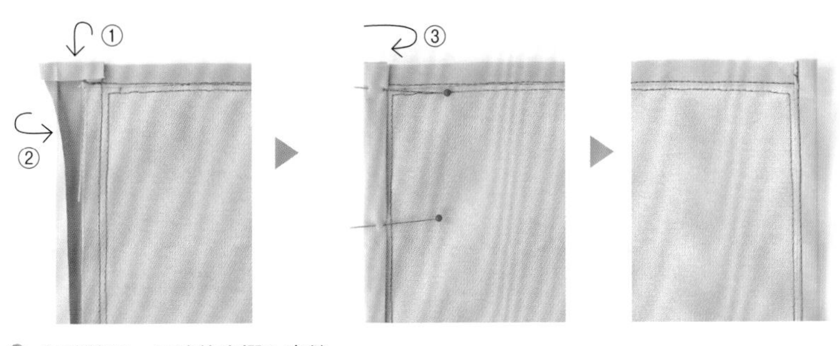

①
②
③

2 包捲縫份，同時依序摺入車縫。

後背包開口的縫份

作品範例
P.45

C 重疊於起縫處固定

底部或背部面，收邊一圈時的車縫方式。終縫處以起縫處遮蔽。

1 摺疊約1cm，進行起縫。

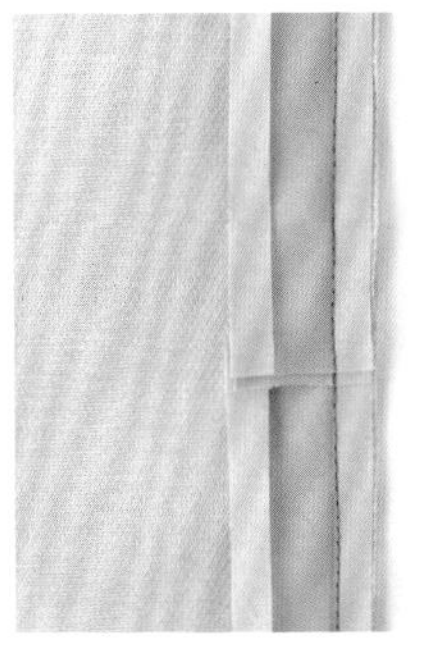

2 車縫一圈，於摺疊的部分重疊車縫，剪斷滾邊條。

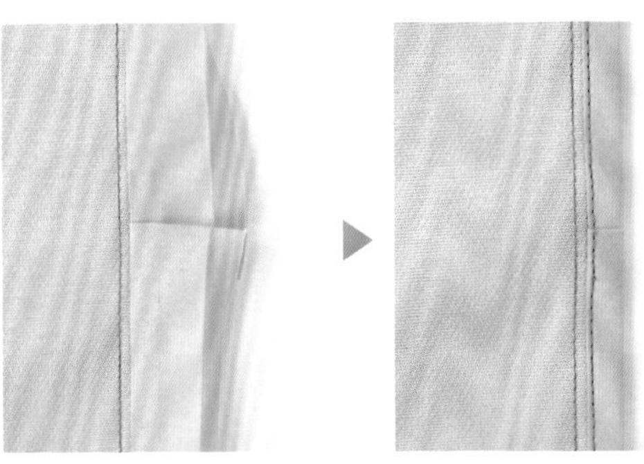

3 在起縫處與終縫處重疊的狀態下，包捲縫份進行車縫。

底部縫份

作品範例
P.20

● 角落延續車縫

希望不剪斷滾邊條，持續車縫時，請在角落一面空出收邊寬度，並繼續車縫。

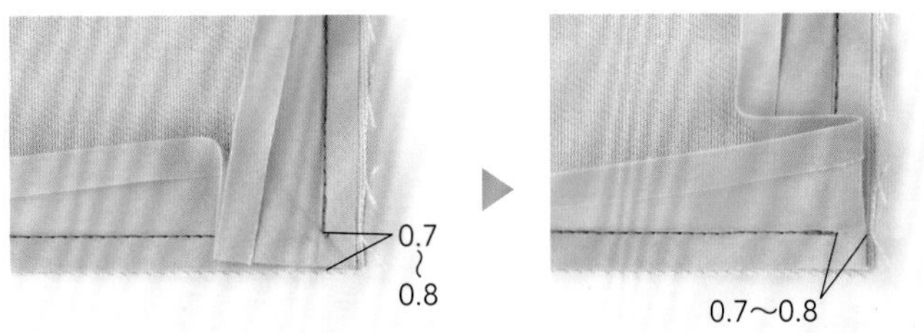

0.7
〜
0.8
0.7〜0.8

1 從縫份末端空出收邊寬度先車縫固定，再將滾邊條倒向已車縫的一側，繼續車縫。

2 一邊摺疊角落的滾邊條，一邊翻到背面。

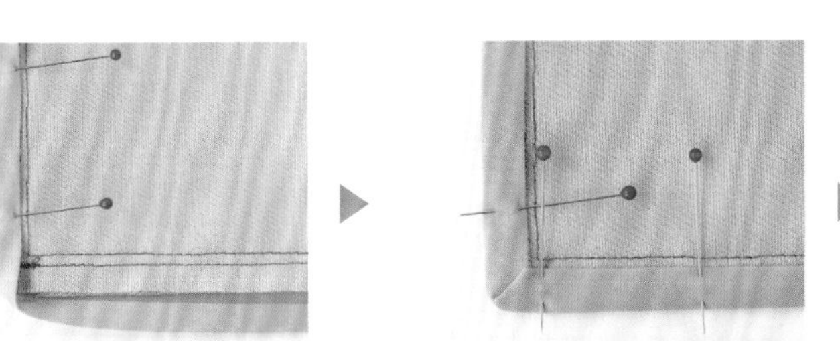

3 摺疊角落包捲縫份，進行車縫。

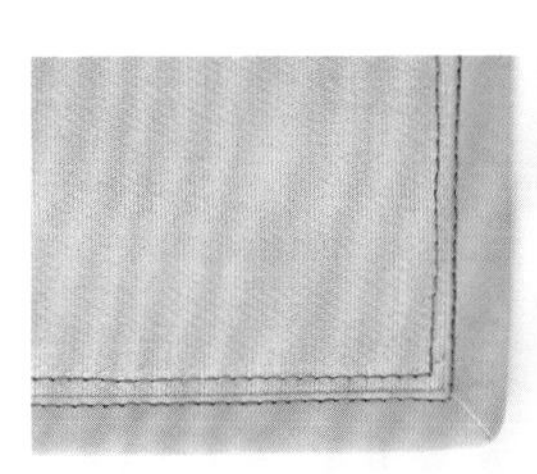

作出直角滾邊的效果。

束口後背包

原寸紙型C面

使用厚布、薄布，兩種極端厚度的布料製作相同款式。
為了適合各自的厚度，僅改變了背包開口。
磁釦也依照個別需求搭配。

雞眼釦

穿繩布

左／合成皮參考皮革縫製方式。開雞眼釦，固定配件則是使用螺拴式磁釦。

下／聚酯纖維薄布，僅在穿繩部分進行剪接，並安裝可縫合固定於平面的隱藏式磁釦。

作法（雞眼釦）

＊布料與縫線使用不同顏色，以易於辨識。

材　料

- ○表布　135×40cm
- ○裡布　100×40cm
- ○滾邊斜布條（寬1.8cm 兩摺式）　90cm
- ○包邊用滾邊斜布條（寬1.1cm四摺式）　150cm
- ○織帶（寬 3 cm）　200cm
- ○提把用織帶（寬2.5cm）　30cm
- ○日字環（寬 3 cm）　2 個
- ○口形環（寬 3 cm）　2 個
- ○雙面雞眼釦（內徑0.6cm）　12組
- ○編繩（直徑0.4cm）　100cm
- ○繩釦　1 個
- ○磁釦　1 組
- ○按照需求，準備單膠舖棉適量

裁布圖

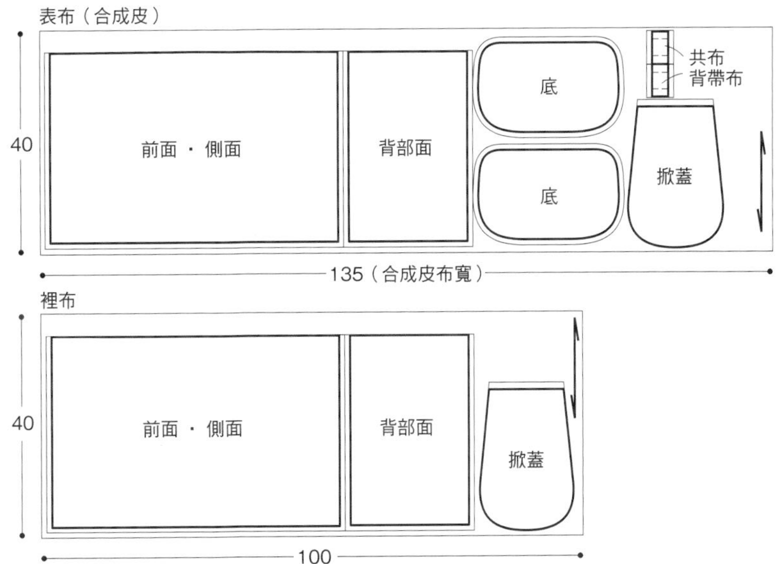
表布（合成皮）
40
前面・側面
背部面
底
底
共布
背帶布
掀蓋
135（合成皮布寬）
裡布
40
前面・側面
背部面
掀蓋
100

完成尺寸

高　34cm
寬　26cm
側身　16cm
包口周圍　74cm
肩帶長　38～70.5cm

500ml的寶特瓶

作法重點

僅在開雞眼釦的部分增加厚度。在此使用接著棉襯，但亦可使用共布的剩布或毛氈布，能貼合表布即可。大小約為環圈直徑×2。

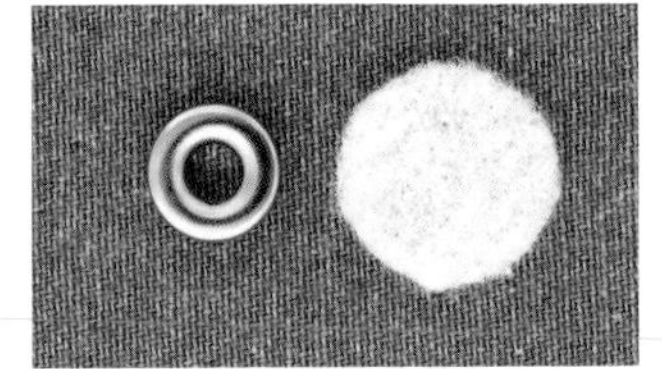

1 疊合本體表布與裡布

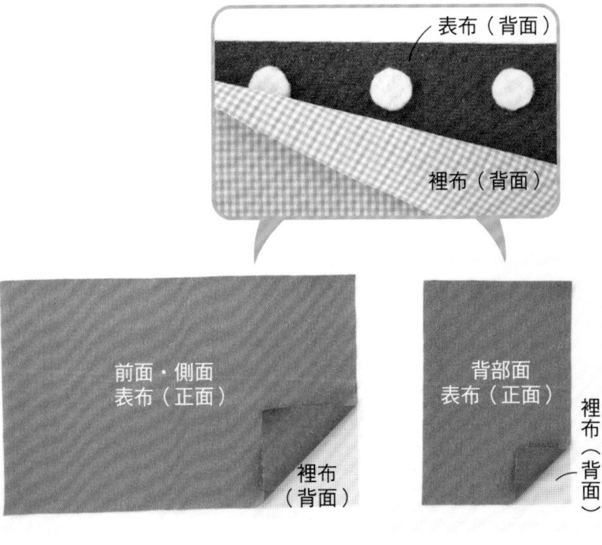
表布（背面）
裡布（背面）
前面・側面
表布（正面）
裡布
（背面）
背部面
表布（正面）
裡布（背面）

1 在前面・側面和背部面的雞眼釦位置內側加上棉襯，並分別將表布與裡布背面相對疊合。

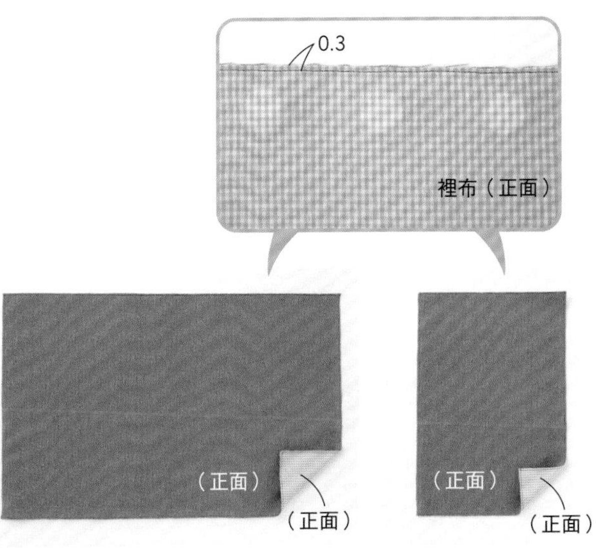
0.3
裡布（正面）
（正面）
（正面）
（正面）
（正面）

2 車縫固定四周。

2 製作掀蓋

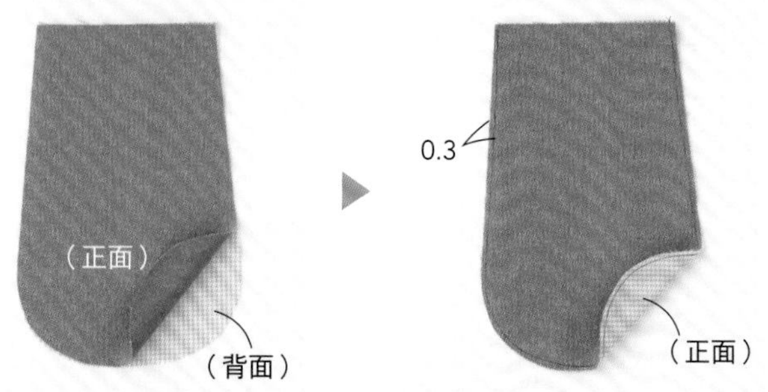
（正面）
（背面）
0.3
（正面）

1 將掀蓋表布與裡布背面相對疊合，車縫固定四周。

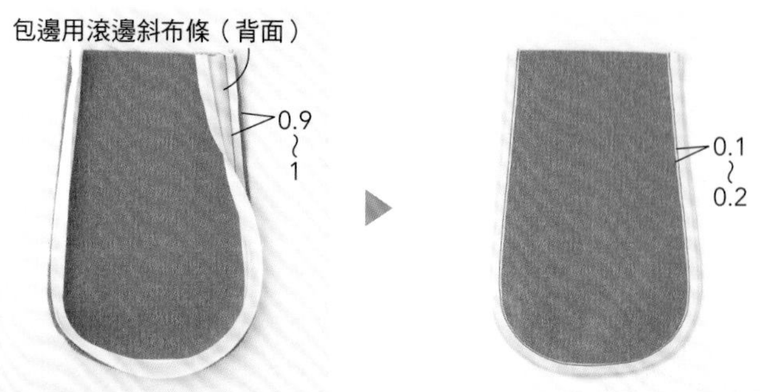
包邊用滾邊斜布條（背面）
0.9～1
0.1～0.2

2 以滾邊斜布條進行滾邊。將掀蓋與包邊用滾邊斜布條正面相對疊合，滾邊條摺線對齊距離裁邊1cm左右的位置車縫，以滾邊條包捲縫份車縫固定。

3 在背部面車縫掀蓋・提把・背帶

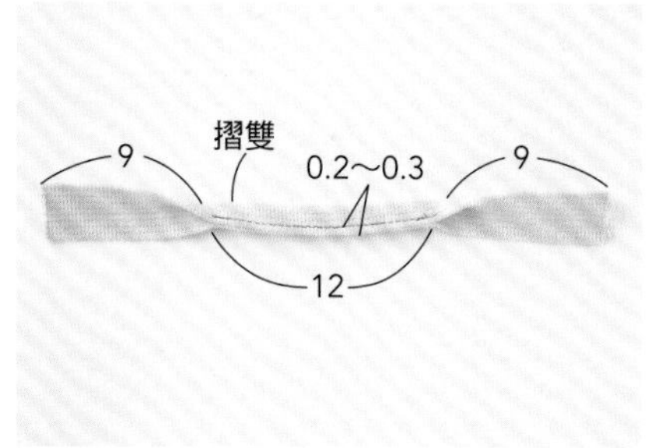
摺雙
9
0.2～0.3
9
12

1 將提把用的背帶中央對摺，對齊布條邊端壓車縫線。

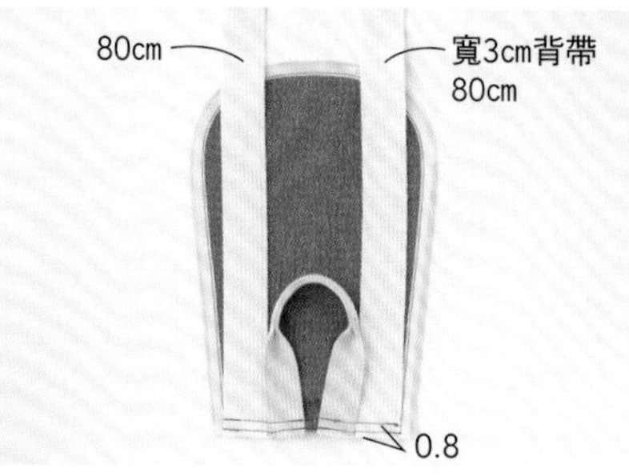
80cm
寬3cm背帶
80cm
0.8

2 於掀蓋正面側，暫時車縫固定提把和肩帶。

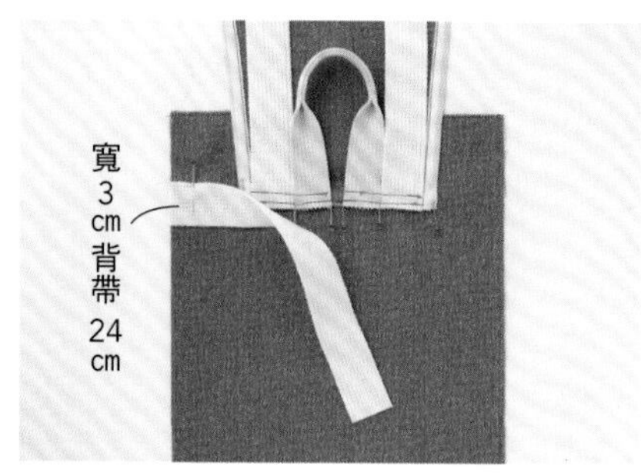
寬
3
cm
背
帶
24
cm

3 將掀蓋對齊記號固定於背部面，再疊放上背帶。

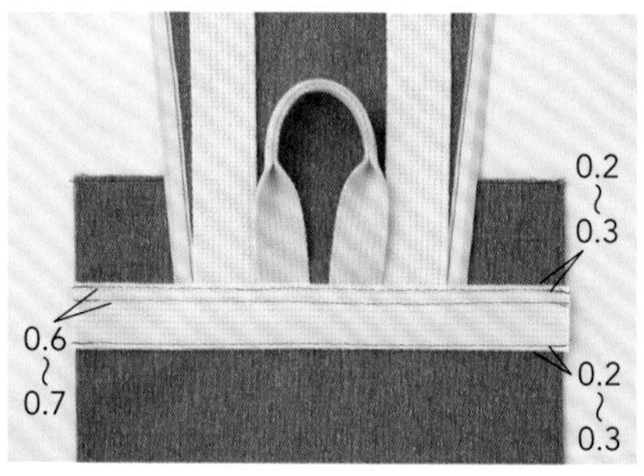
0.2～0.3
0.6～0.7
0.2～0.3

4 在背帶兩側壓車縫線，縫合固定。

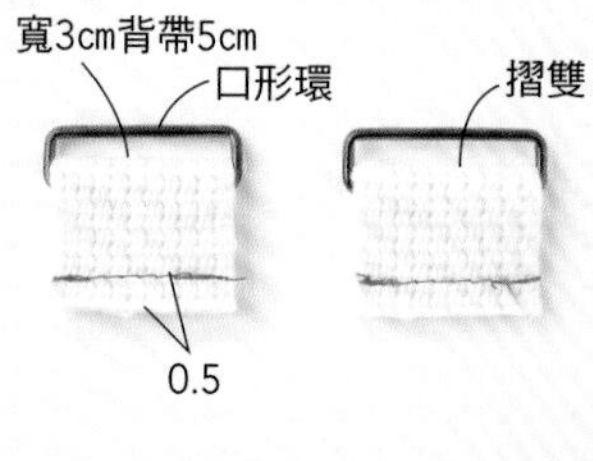
寬3cm背帶5cm
口形環
摺雙
0.5

5 將背帶穿過口形環，對摺縫合固定。

●以合成皮作背帶

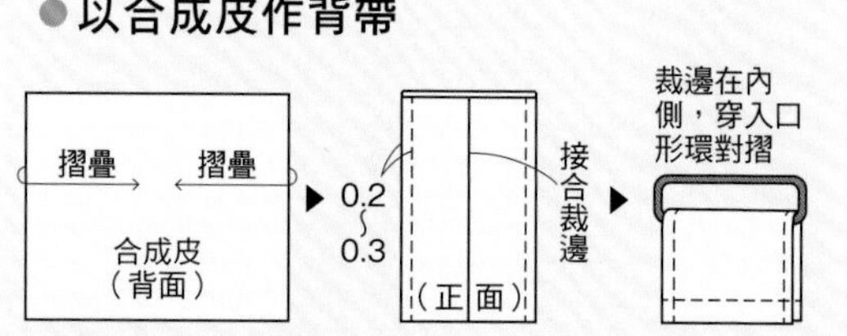
摺疊
摺疊
合成皮
（背面）
0.2～0.3
（正面）
接合裁邊
裁邊在內側，穿入口形環對摺

當織帶過厚無法車縫時，就當成設計的一部分，使用共布背帶。

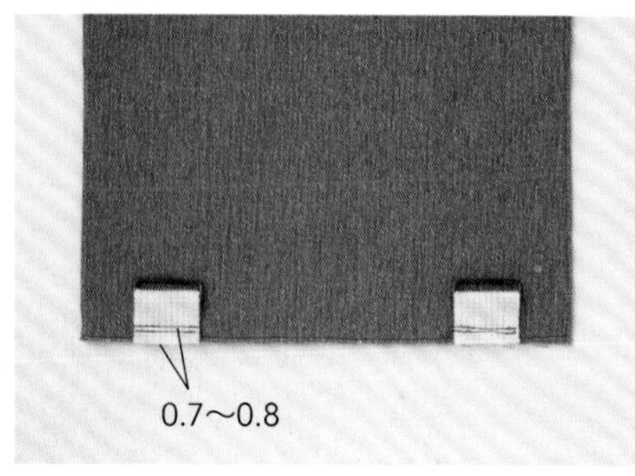
0.7～0.8

6 在背部面底邊的左右，暫時車縫固定裝有口形環的背帶。

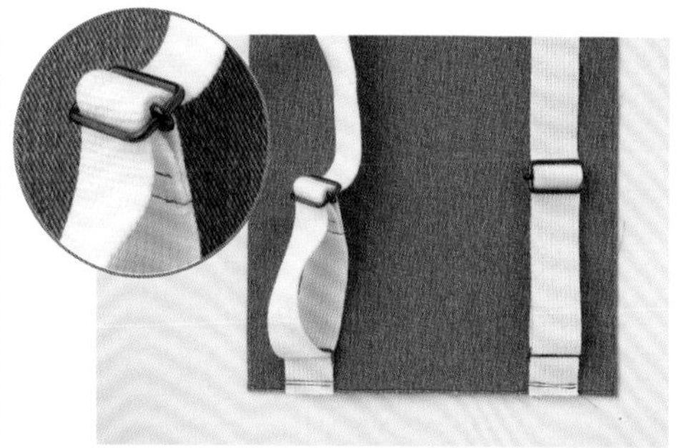

7 將肩帶用背帶穿過日字環，並穿過口形環，再一次穿過日字環，縫合固定。

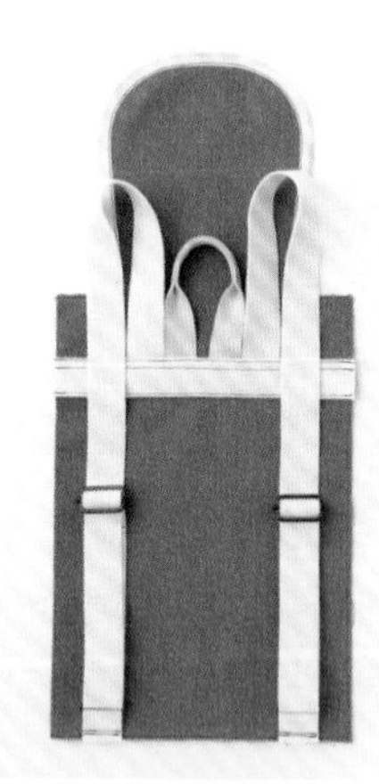

4 車縫前面・側面與背部面、底

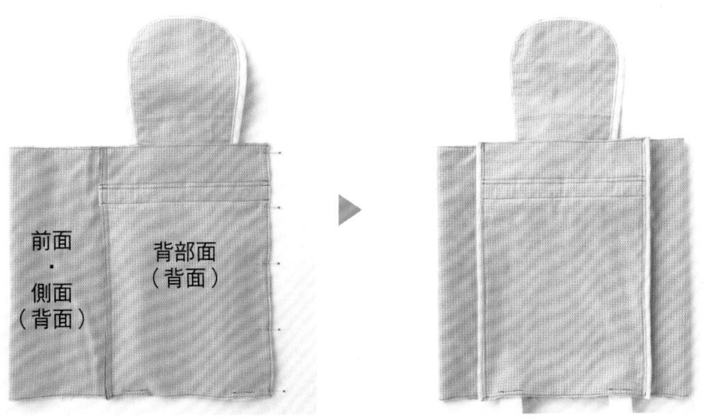
前面
・
側面
（背面）
背部面
（背面）

1 將背部面與側面正面相對疊合車縫，縫份以滾邊斜布條收邊。縫份倒向側面側。

2 後背包開口進行滾邊。將包邊用滾邊斜布條正面相對疊合，車縫一圈（參照Lesson2 P.19，C

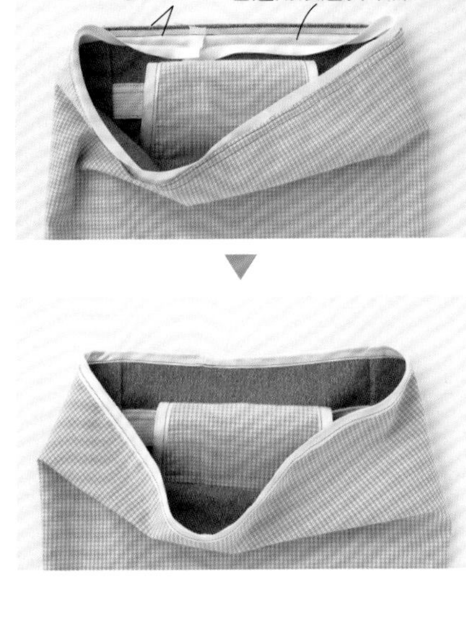
0.9～1
包邊用滾邊斜布條

底（正面）
（背面）
（正面）

3 將2片底表布背面相對疊合，車縫固定四周。

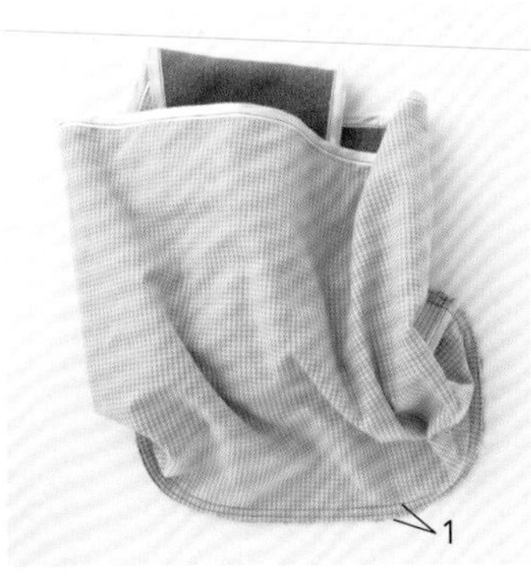
1

4 將本體和底，正面相對疊合車縫。

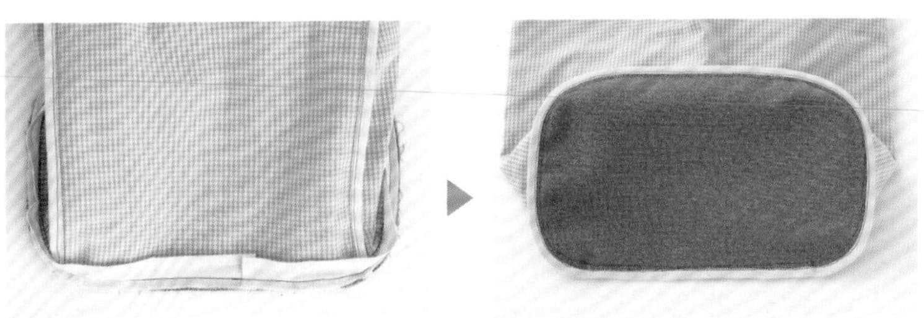

5 縫份以滾邊斜布條處理（參照Lesson2 P.19，C）。

5 開雞眼釦

1 在雞眼釦的位置，開一個略小於雞眼釦腳直徑的洞，稍微剪出切口。
☆由於布料有可能脫線或變形，因此洞開得略小較為放心。

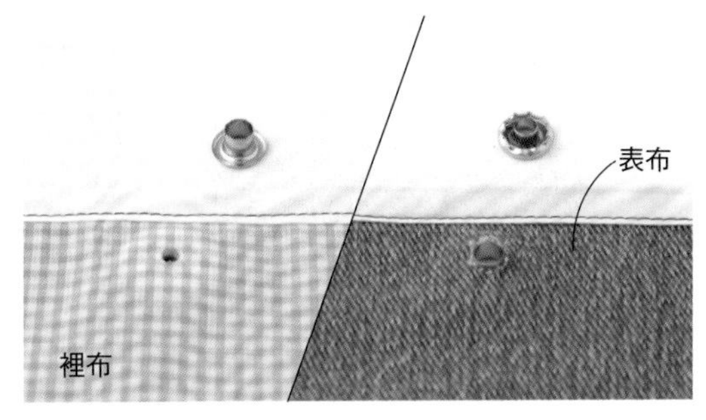
表布
裡布

2 從裡布側嵌入公釦，從表布側對合母釦。

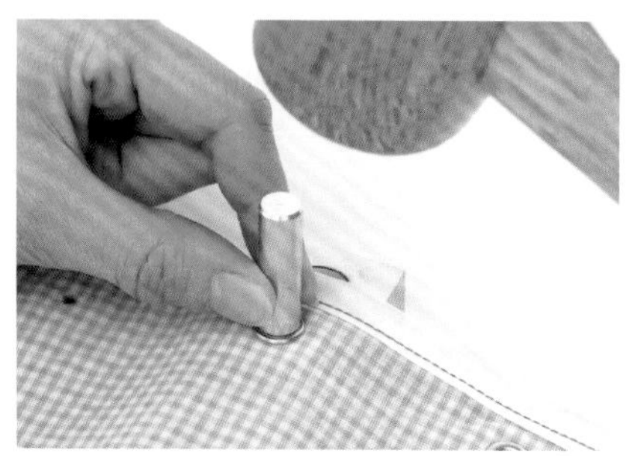
3 在公釦上放上釦斬，以木鎚敲打安裝。

4 全部的雞眼釦洞完成的樣子。

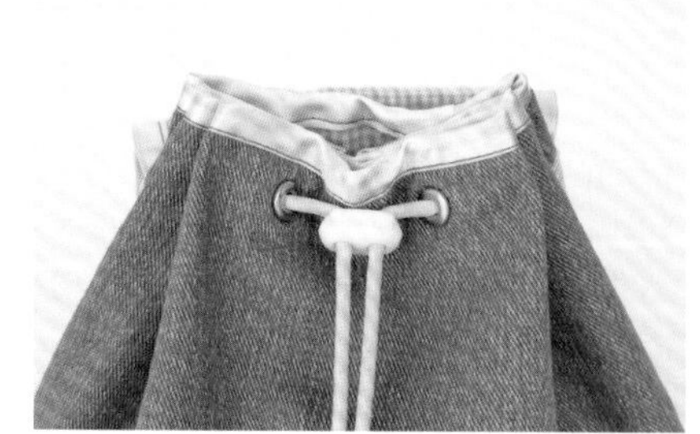
5 穿繩，並在繩子裝上繩釦，在尾端打結。

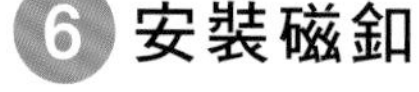

6 安裝磁釦

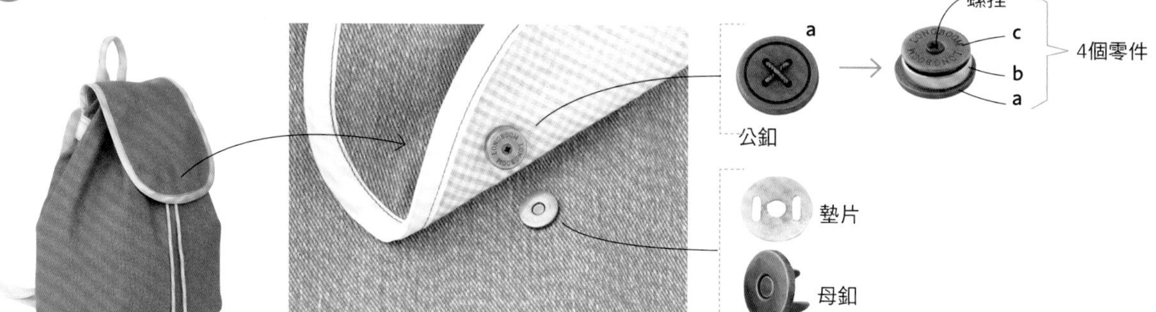
a
螺拴
c
b
a
4個零件
公釦
墊片
母釦

● 掀蓋側

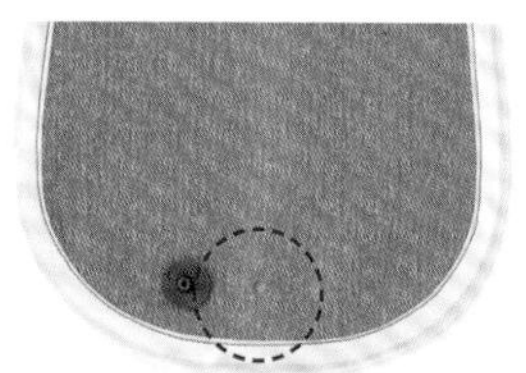

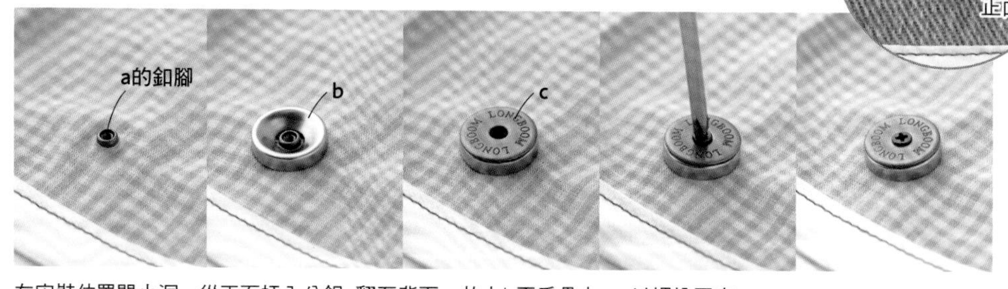
a的釦腳
b
c
正面

在安裝位置開小洞，從正面插入公釦**a**翻至背面，放上b再重疊上**c**，以螺拴固定。

● 本體側

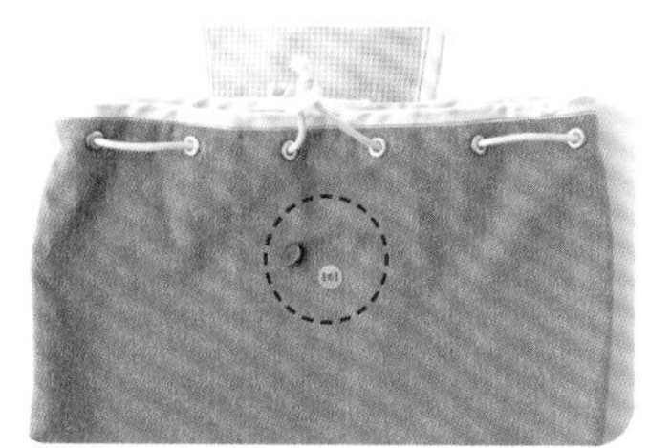

1 在接合位置，使用墊片作出記號。

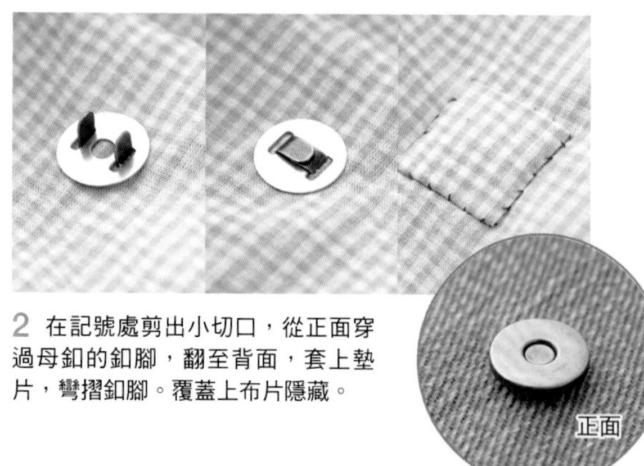
正面
2 在記號處剪出小切口，從正面穿過母釦的釦腳，翻至背面，套上墊片，彎摺釦腳。覆蓋上布片隱藏。

作法（穿繩布）

＊布料與縫線使用不同顏色，以易於辨識。

材料

○表布　145×55cm
○滾邊斜布條（寬1.8cm 兩摺式）　300cm
○包邊用滾邊斜布條
（寬0.8cm四摺式）　70cm
○織帶（寬 3 cm）　200cm
○提把用織帶（寬2.5cm）　30cm
○日字環（寬 3 cm）　2 個
○口形環（寬 3 cm）　2 個
○編繩（直徑0.4cm）　100cm
○繩釦　1 個
○磁釦　1 組

完成尺寸

500ml的
寶特瓶

高　34cm
寬　26cm
側身　16cm
包口周圍　74cm
肩帶長　38～70.5cm

裁布圖

表布
穿繩布
底
底
55
正面・側面
背部面
背部面
掀蓋
掀蓋
（用於裡布）
145（布寬）

作法重點

穿繩的部分，剪接時要避免與縫份衝突。固定掀蓋的磁釦是隱形式的，因此在縫製過程中安裝。縫紉機的壓腳使用拉鍊壓腳。

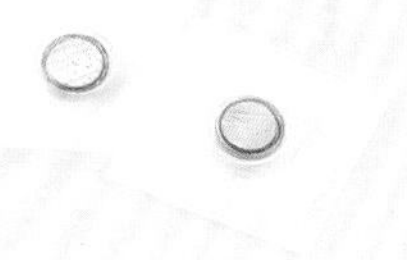

1 製作掀蓋

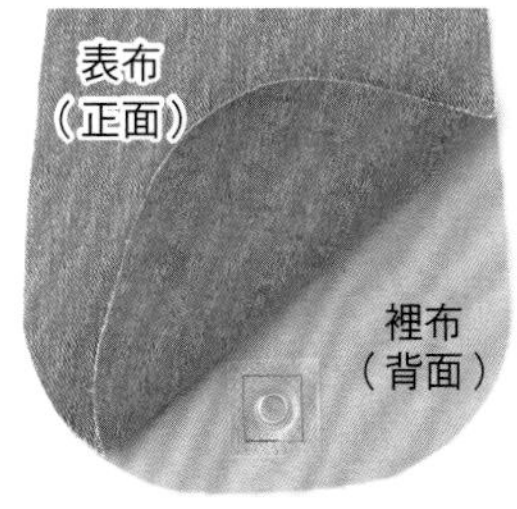
表布
（正面）
裡布
（背面）

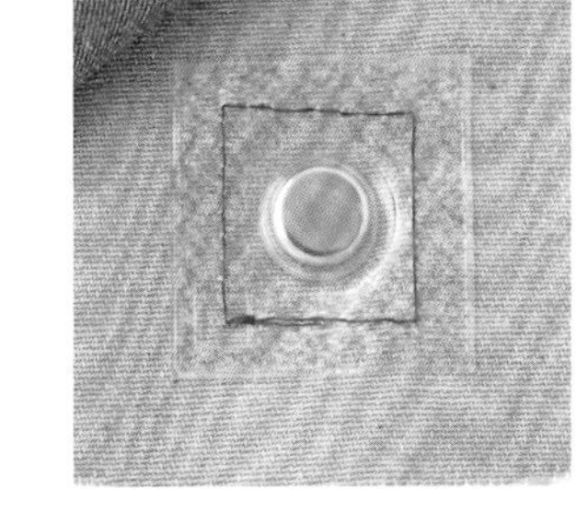

1 掀蓋裡布的磁釦接合位置，背面對齊磁釦的正面進行縫合，。

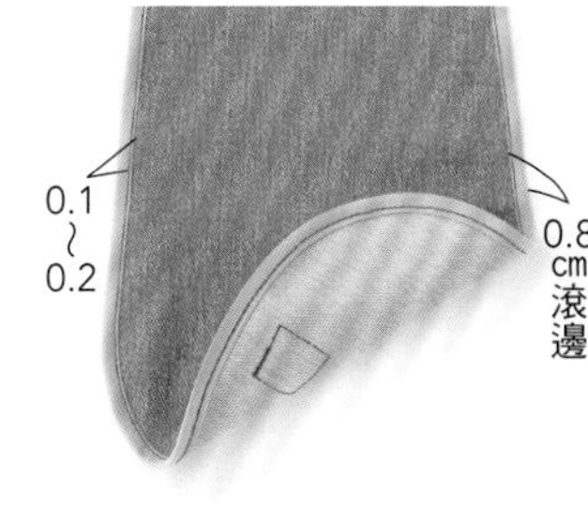
0.1
～
0.2
0.8
cm
滾
邊

2 掀蓋裡布與表布背面相對疊合，縫合固定四周，以包邊用滾邊斜布條包捲縫份車縫。

2 在背部面車縫掀蓋・提把・背帶

（參照P.22）

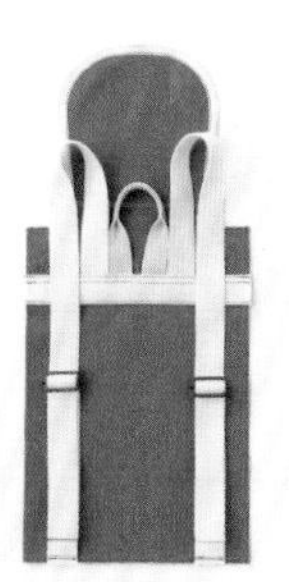

3 車縫前面・側面與背部面

（參照P.23，④-1）

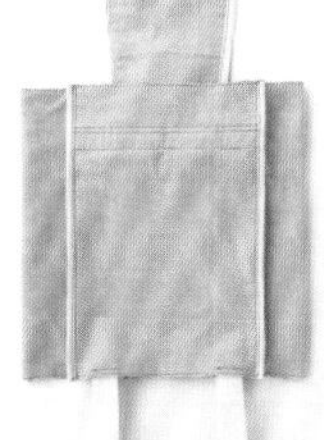

※不接縫裡布。

4 車縫後背包開口

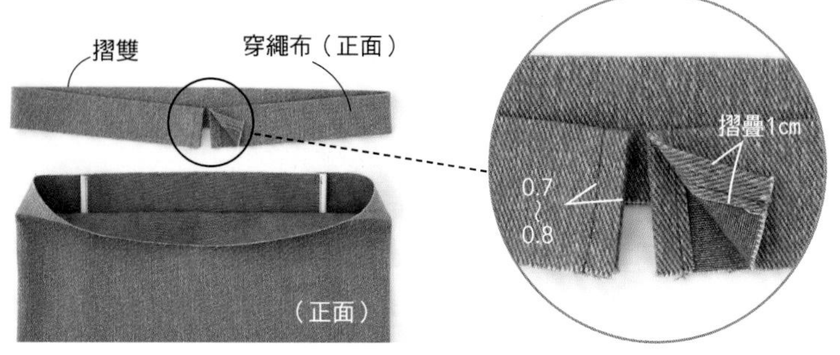
摺雙
穿繩布（正面）
摺疊1cm
0.7
～
0.8
（正面）

1 將穿繩布兩頭分別進行二摺邊並壓車縫線，背面相對疊合對摺。

中央
前面（正面）

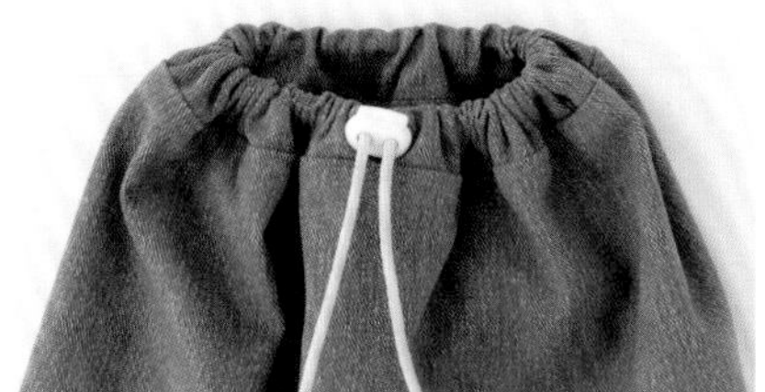

2 將穿繩口於前面中央接合，正面相對疊合車縫。縫份以滾邊斜布條收邊，並倒向本體側。

5 車縫底部 （參照P.23）

6 裝上磁釦

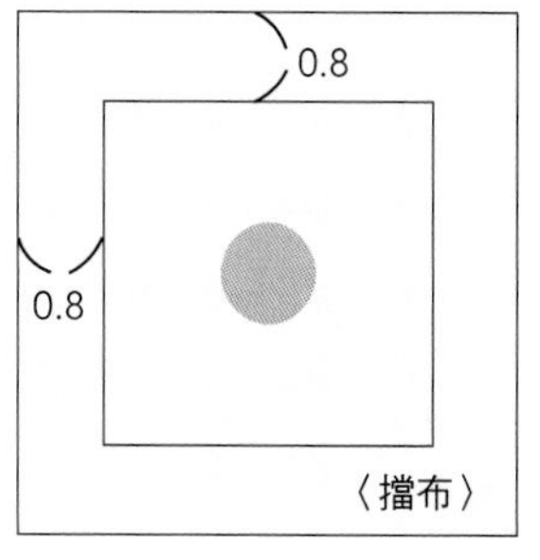
0.8
0.8
〈擋布〉

1 將磁釦放在布上，加上縫份進行裁剪。

（背面）

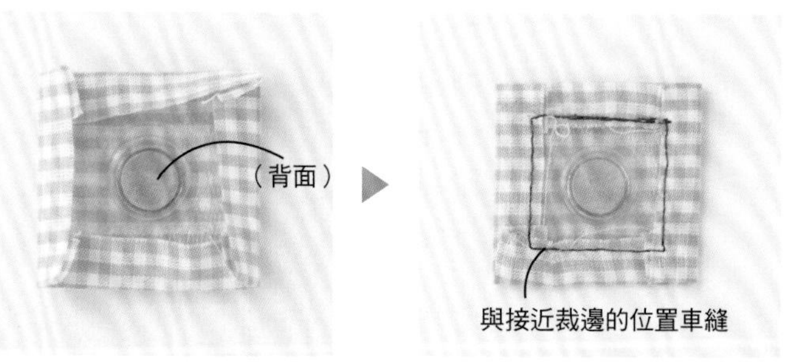
與接近裁邊的位置車縫

2 摺疊四周包覆，並縫合固定。

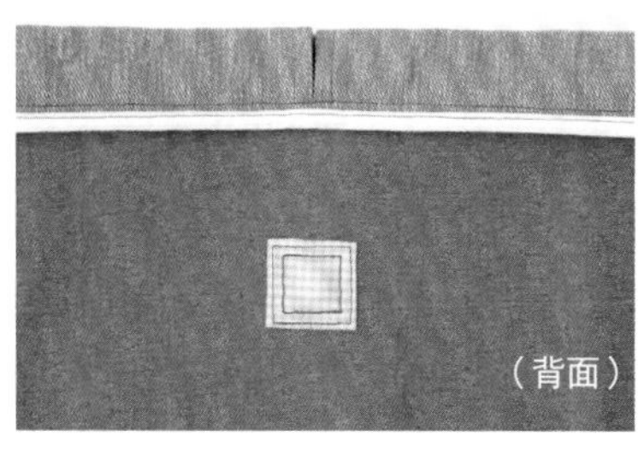
（背面）

3 對齊本體背面安裝處的位置，車縫。

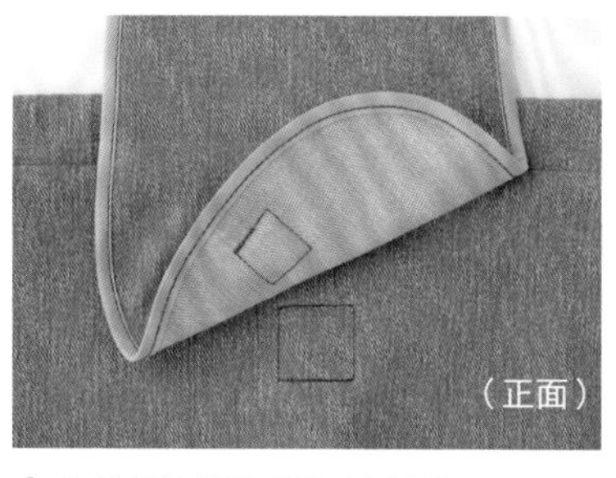
（正面）

4 無論哪側都只看得到車縫線。

完成

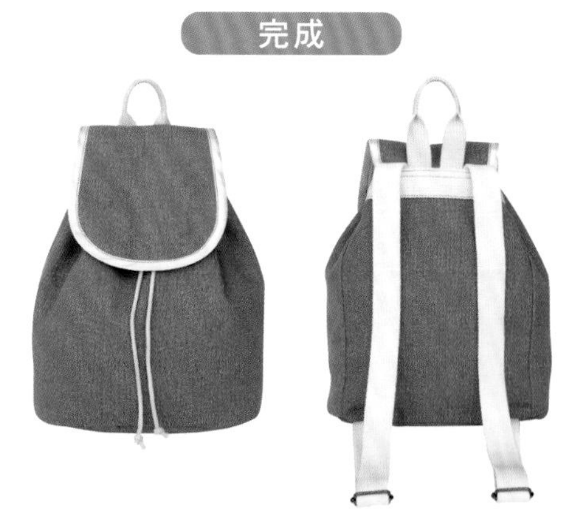

Rucksack

Lesson

3

後背包的開口

大致分成4個種類。
請考慮要在哪邊、如何開啟，以及使用便利性因素，思考設計及製作吧！

A 拉鍊接縫於邊緣的開口

- 能夠強調形狀
- 拉鍊也成為設計的一部分
- 清爽簡潔

B 拉鍊接縫於側身的開口

- 無論什麼形狀都能輕鬆接合拉鍊
- 印象會因拉鍊的呈現方式而改變

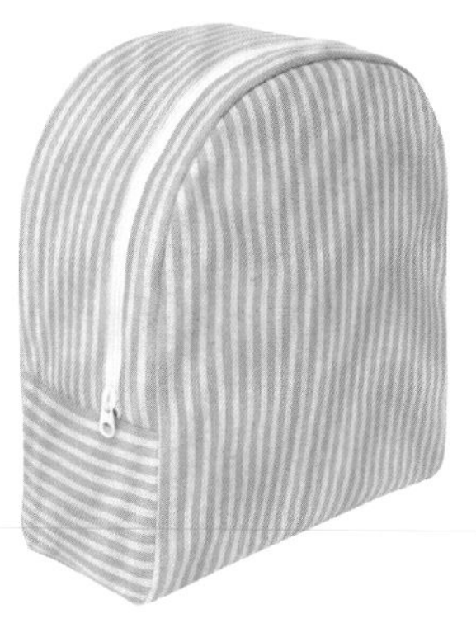

C 拉鍊接縫於上方的開口

- 開口會因拉鍊的接合方式而大大地改變
- 也常見於提包或波奇包

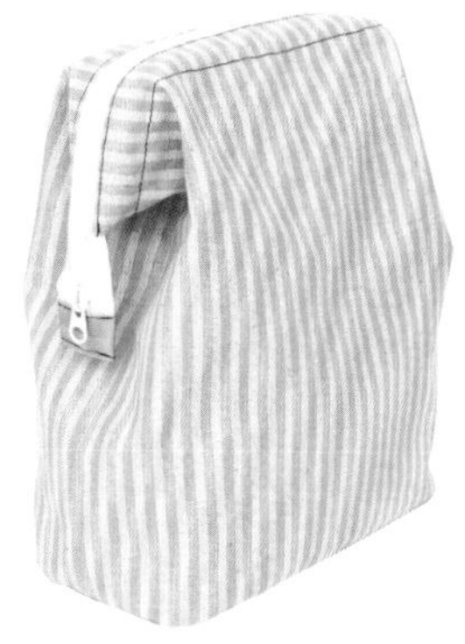

D 不接合拉鍊的開口

- 縫製簡單
- 可搭配各種固定零件
- 適合無論如何都不想安裝拉鍊的人…

A 在前面邊緣接縫拉鍊的開口

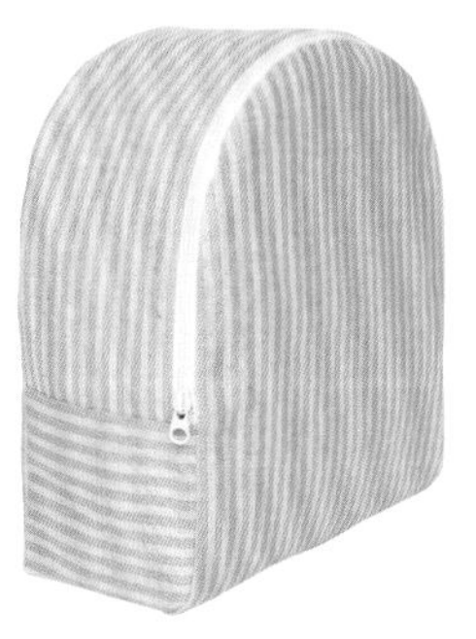

強調曲線形狀。
拉鍊若疏縫之後再車縫，就不會車錯。

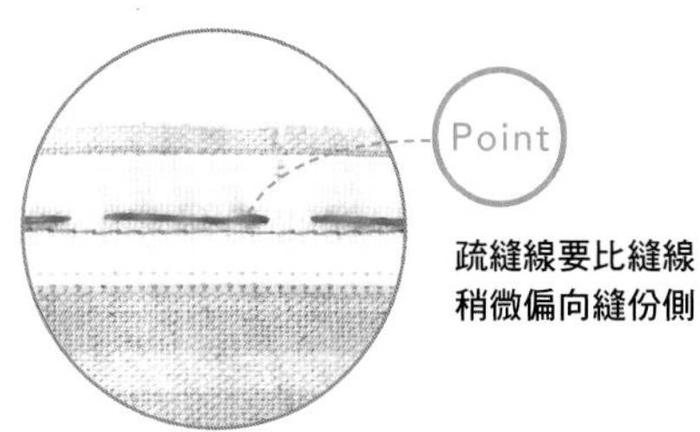
Point
疏縫線要比縫線
稍微偏向縫份側

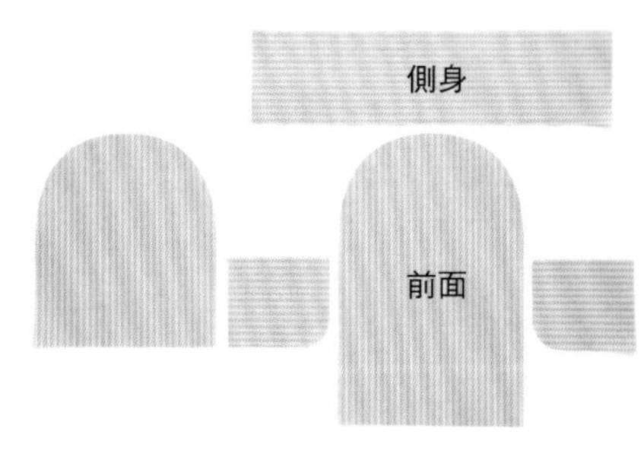
側身
前面

1 車縫側身與拉鍊

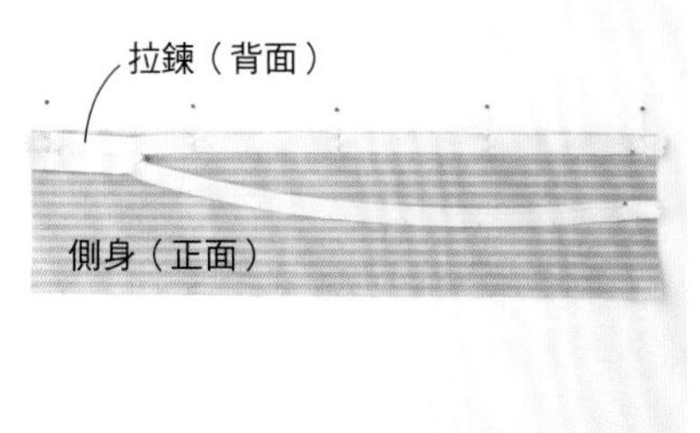
拉鍊（背面）
側身（正面）

1 對齊位置以珠針固定。

2 由於珠針之間容易走位，因此先疏縫之後再車縫。

3 縫份倒向側身側。

2 在前面車縫拉鍊

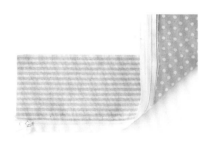

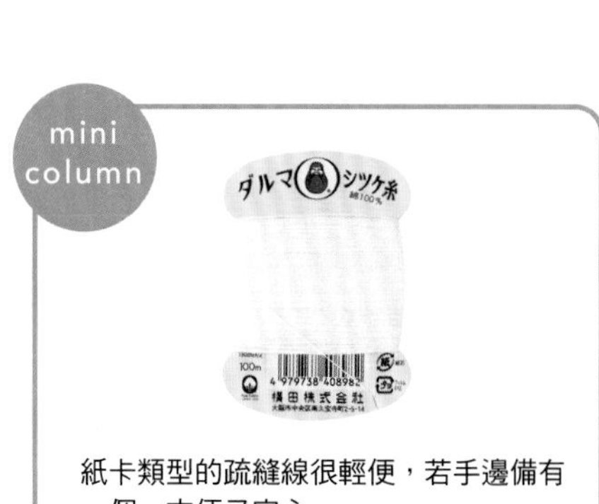
拉鍊
（背面）
前面
（正面）

1 將前面與拉鍊正面相對疊合。由於是在曲線接合拉鍊，因此直線以上的位置需要疏縫。

2 縫合所有裁片。

完成

mini column

ダルマ シツケ糸

紙卡類型的疏縫線很輕便，若手邊備有一個，方便又安心。

A 於上面邊緣接合拉鍊的開口

宛如上蓋的開口。因為是施力於拉鍊開口的兩脇，所以在拉鍊布帶末端接合布料補強，也較為美觀。

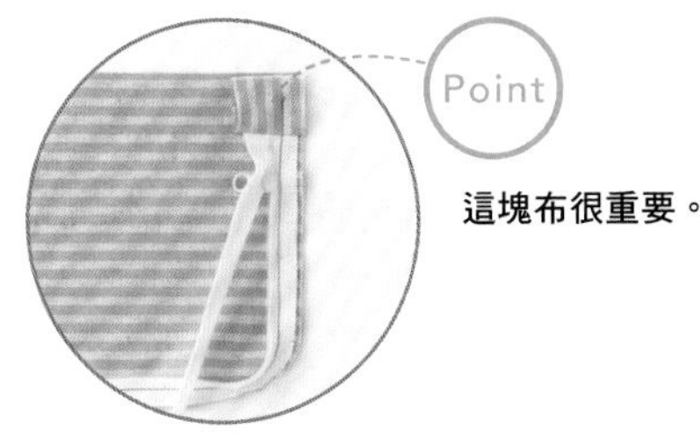
Point

這塊布很重要。

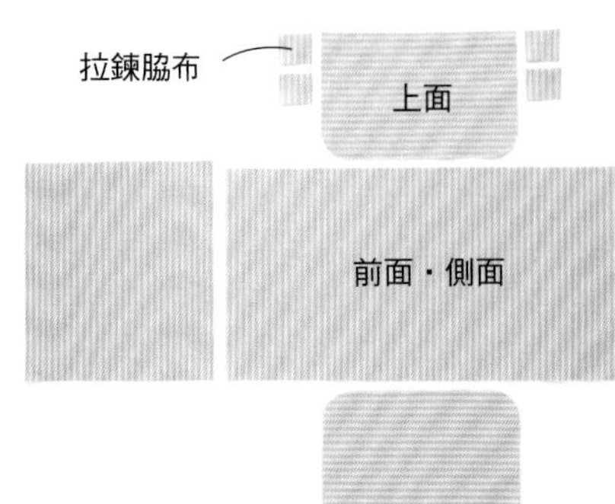
拉鍊脇布
上面
前面・側面

1 於拉鍊接縫脇布

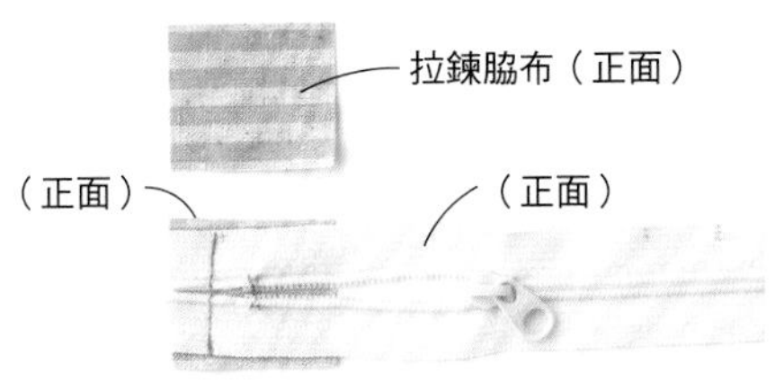
拉鍊脇布（正面）
（正面）
（正面）

1 暫時車縫固定1片脇布。

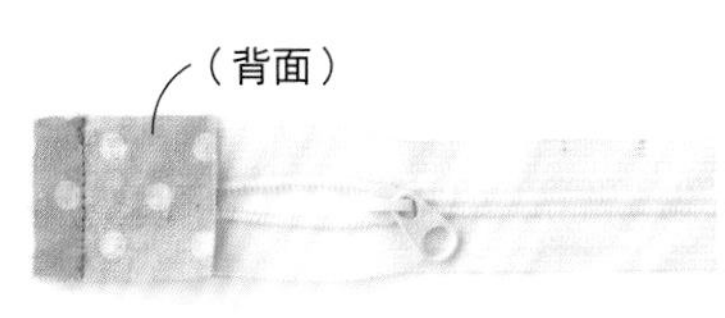
（背面）

2 將另1片正面相對疊合車縫。

3 脇布翻至正面。另一側拉鍊末端也以相同方式縫製。

2 車縫上面與拉鍊

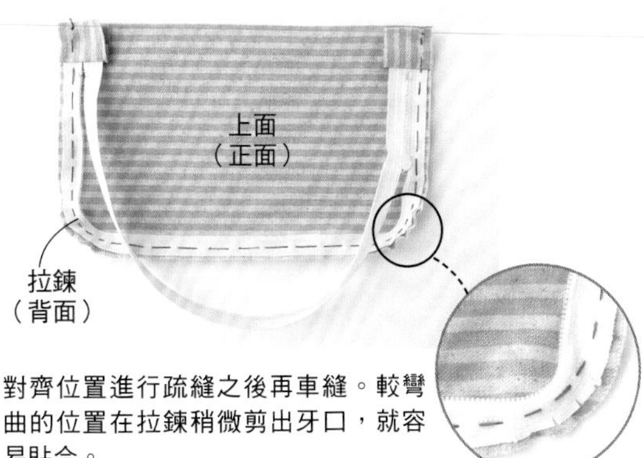

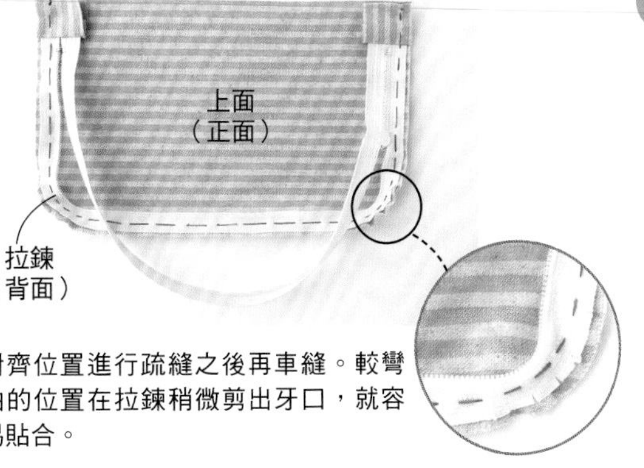
上面
（正面）
拉鍊
（背面）

對齊位置進行疏縫之後再車縫。較彎曲的位置在拉鍊稍微剪出牙口，就容易貼合。

拉鍊（背面）
（正面）

1 對齊位置進行疏縫。

2 車縫拉鍊之後，再縫合所有裁片。

3 車縫前面・側面與拉鍊

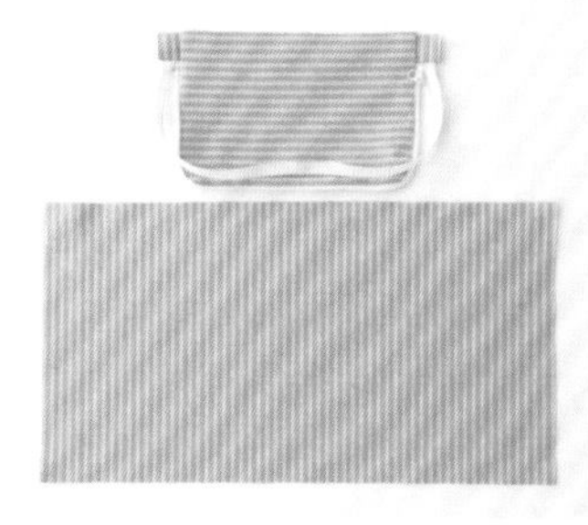

完成

B 在側身接縫拉鍊的開口

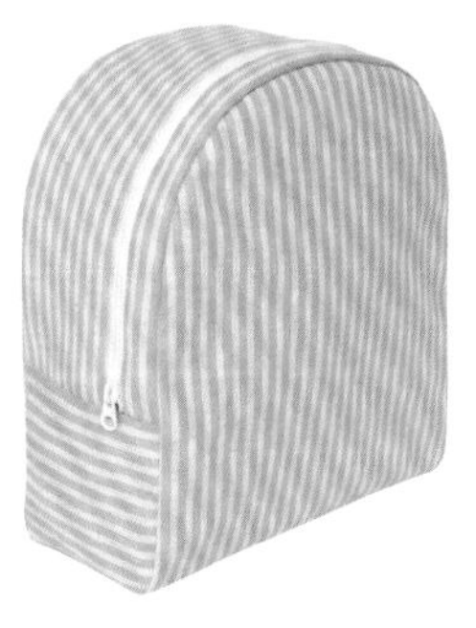

不受形狀影響，與拉鍊僅以直線車縫。無論是側身的前面側或背部側，開口製作在方便使用想要開啟的位置。

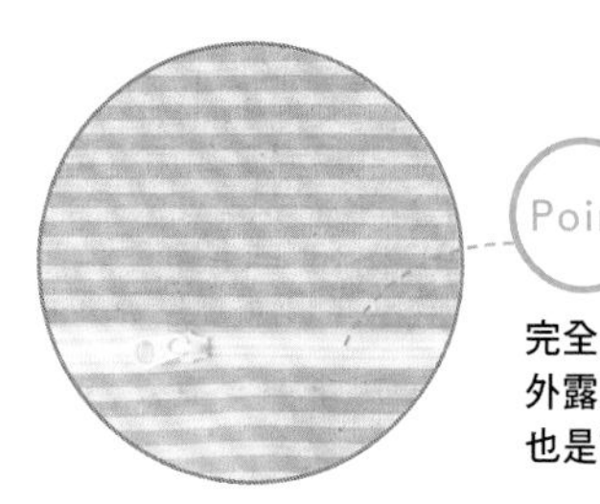

Point

完全是直線。
外露的拉鍊
也是設計一部分。

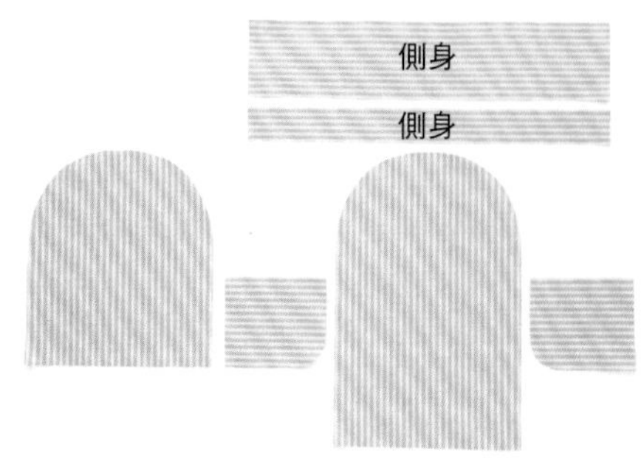

側身
側身

1 車縫拉鍊與側身

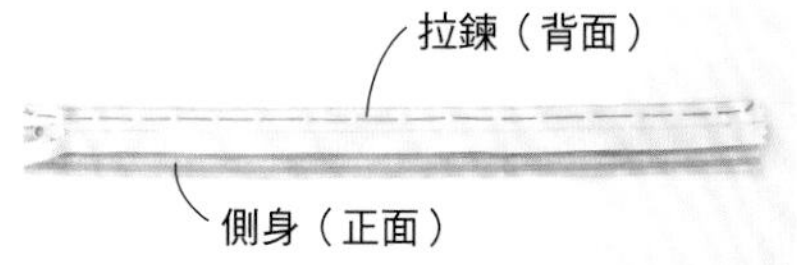

拉鍊（背面）
側身（正面）

1 單邊側身與拉鍊正面相對疊合，疏縫之後再車縫。

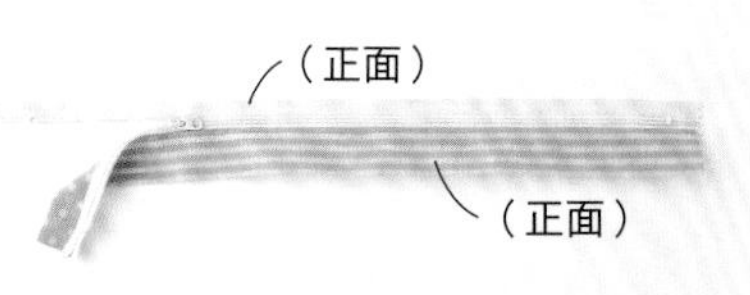

（正面）
（正面）

2 縫份倒向側身側。

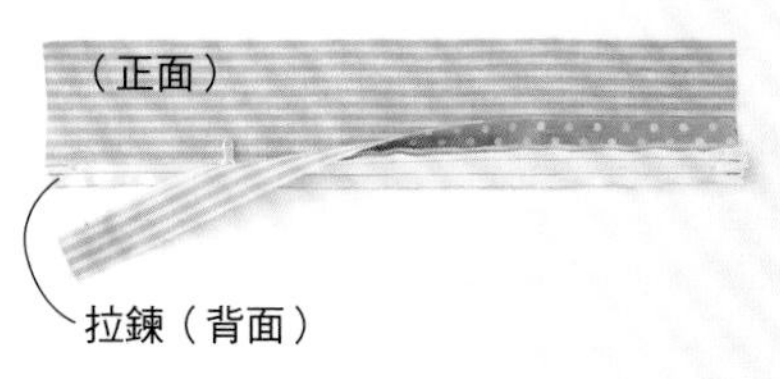

（正面）
拉鍊（背面）

3 另一邊側身也以相同方式車縫。

2 將側身與其他裁片縫合

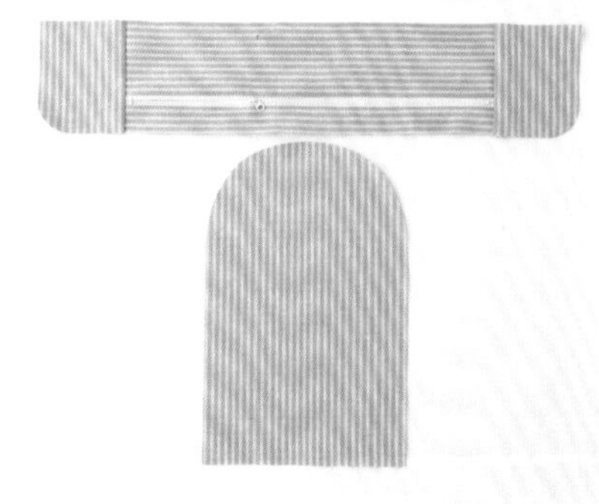

1 縫合側身與前面。已經沒有要與拉鍊縫合的地方。

2 縫合所有裁片。

完成

B 側身接合隱藏式拉鍊的開口

宛如遮雨罩般，拉鍊被遮蔽。是除了遮雨之外，
當沒有與布料顏色相符的拉鍊時也很好用的開口型態。

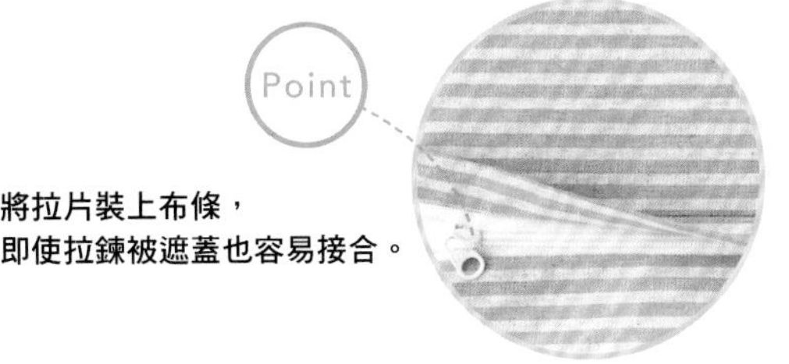
Point

將拉片裝上布條，
即使拉鍊被遮蓋也容易接合。

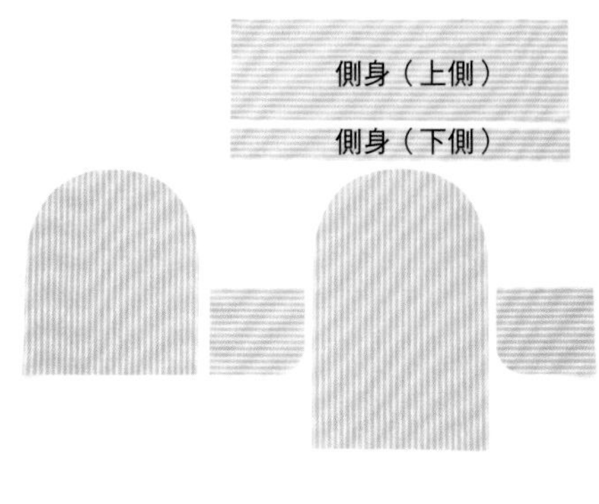
側身（上側）
側身（下側）

1 車縫拉鍊與側身

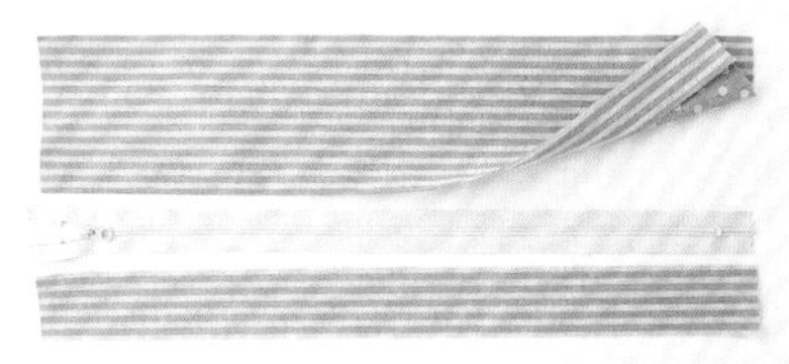

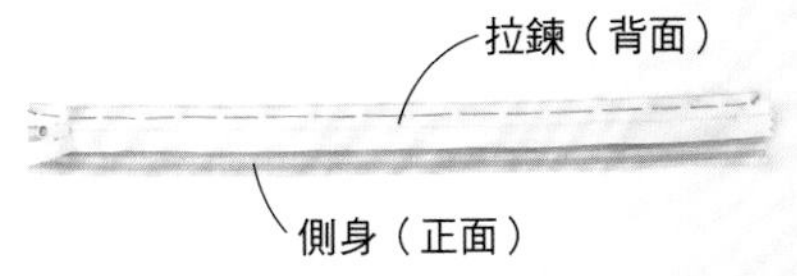
拉鍊（背面）
側身（正面）

1 下側的側身與拉鍊正面相對疊合，疏縫之後再車縫。

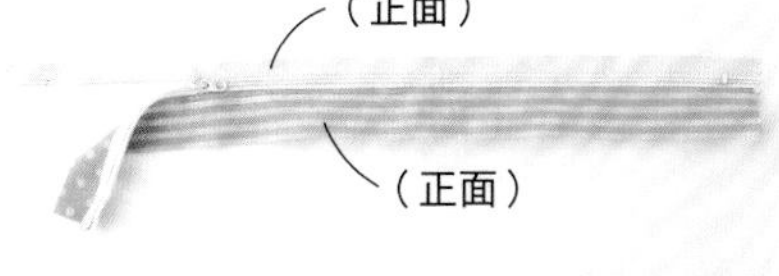
（正面）
（正面）

2 縫份倒向側身側。

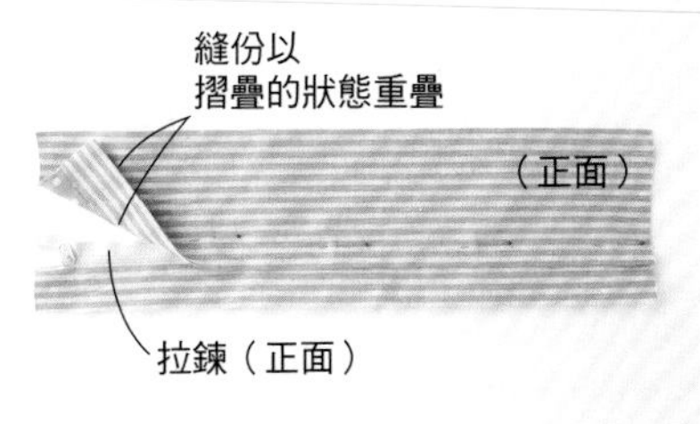
縫份以
摺疊的狀態重疊
（正面）
拉鍊（正面）

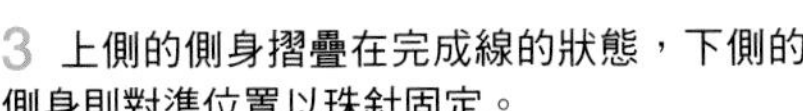

3 上側的側身摺疊在完成線的狀態，下側的側身則對準位置以珠針固定。

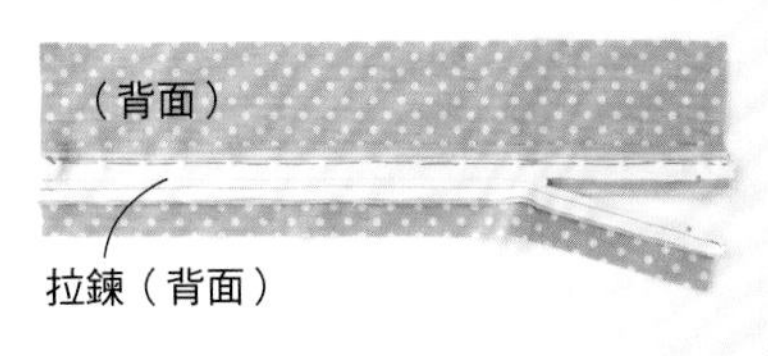
（背面）
拉鍊（背面）

4 在拉鍊上側進行疏縫。

5 以縫紉機車縫。

2 將側身與其他裁片縫合

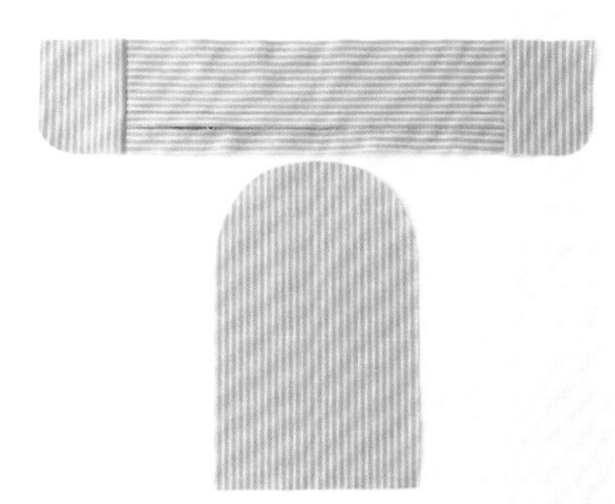

縫合全部的裁片。

完成

C 上側接縫拉鍊的開口

在波奇包中也經常可見的拉鍊接縫方式。
接縫於兩頭的布料具有兼具補強與隱藏縫份的優異功能。

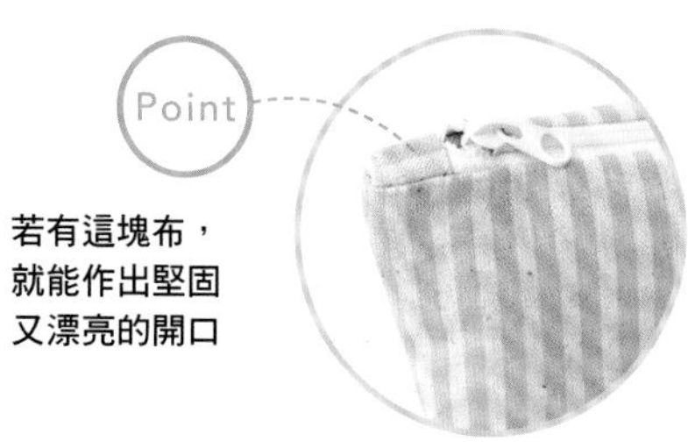
Point
若有這塊布，
就能作出堅固
又漂亮的開口

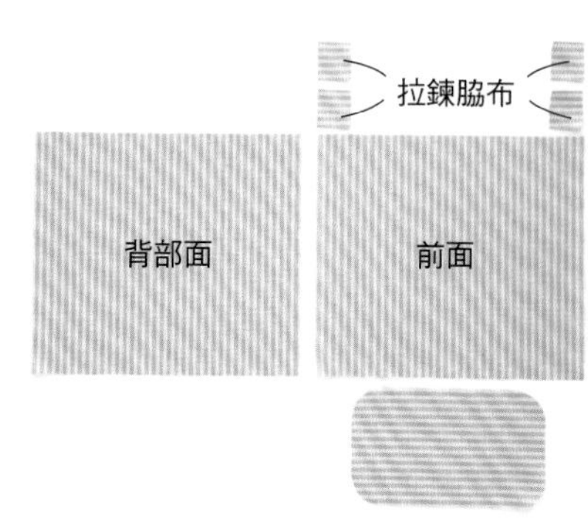
拉鍊脇布
背部面
前面

1 脇布接縫於拉鍊 ☆使用線圈拉鍊

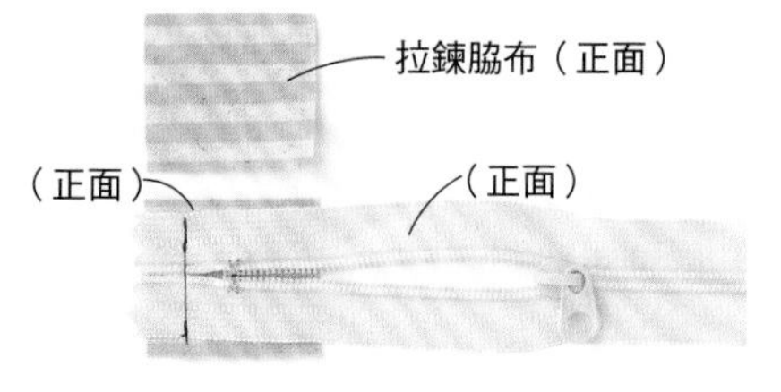
拉鍊脇布（正面）
（正面）
（正面）

1 暫時車縫固定1片脇布。

（背面）

2 將另1片正面相對疊合車縫。

3 脇布翻至正面。

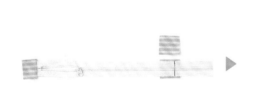

4 另一側則依照開口尺寸，以相同方式車縫2片脇布。

5 剪去多餘拉鍊。

2 車縫拉鍊與本體

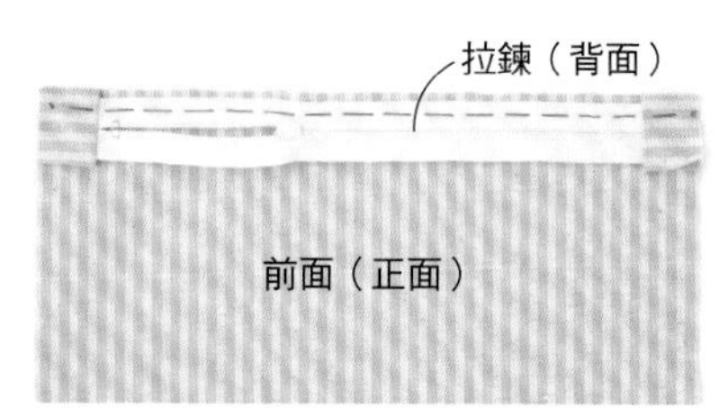
拉鍊（背面）
前面（正面）

1 對齊位置進行疏縫。

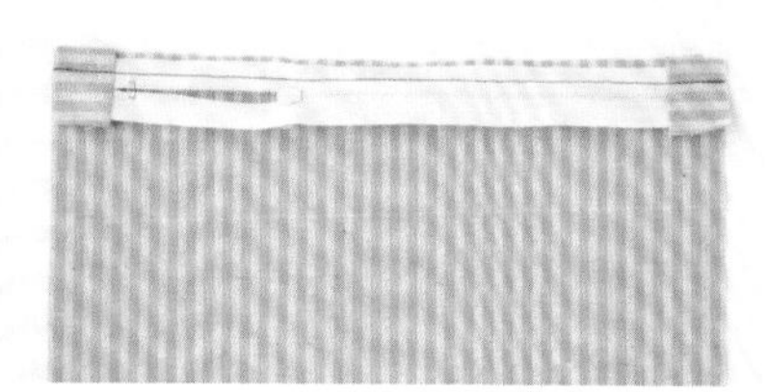

2 進行車縫。

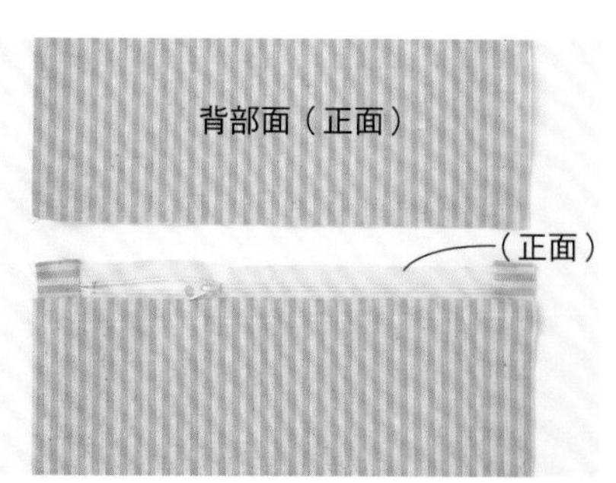
背部面（正面）
（正面）

3 縫份倒向側面。背部面也以相同方式車縫。

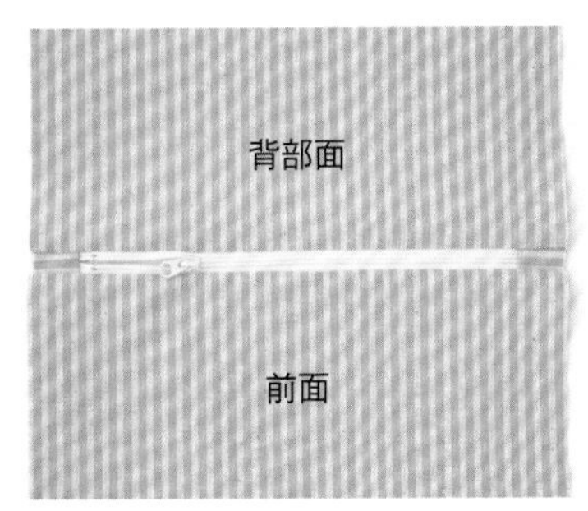
背部面
前面

4 縫份全部倒向本體。

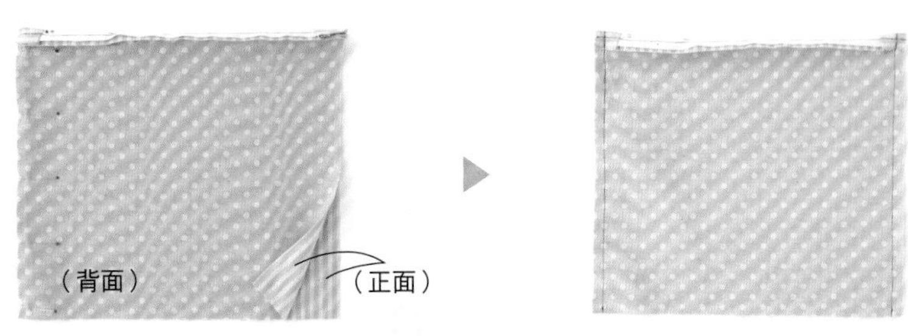
（背面）
（正面）

5 將本體正面相對疊合，車縫兩脇。

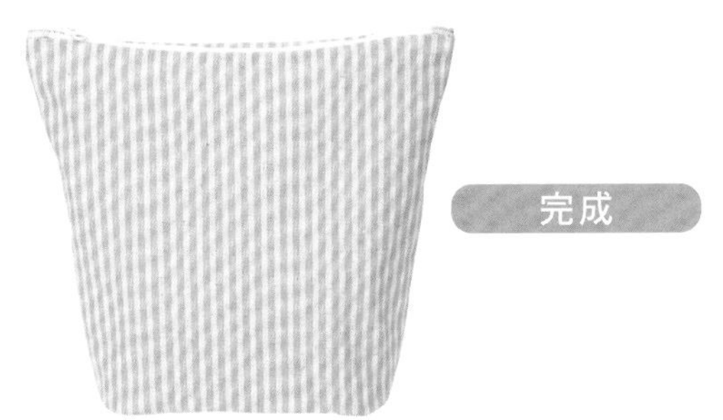

完成

6 縫合所有裁片。

拉鍊的拉片

替換式拉片 （有適用尺寸）

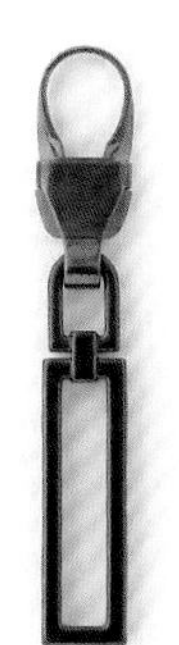

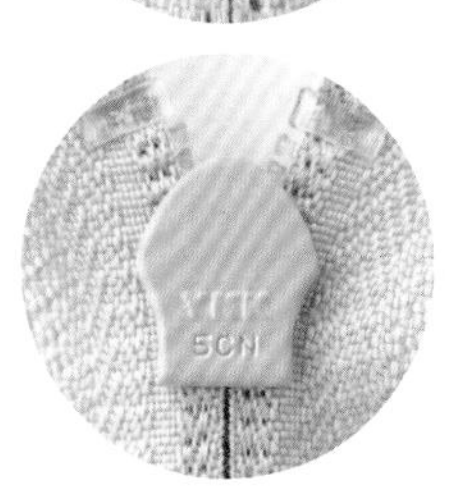
拉頭

請見拉頭的背面，
確認尺寸

您是否因為拉鍊接合位置或是使用方便性，
而曾經希望能夠替換開闔時的手拉部分呢？
針對這種狀況，有縫合之後也能更換的零件。
由於有特定的拉鍊尺寸，因此請務必先進行確認。
講究細節也是手作的樂趣。

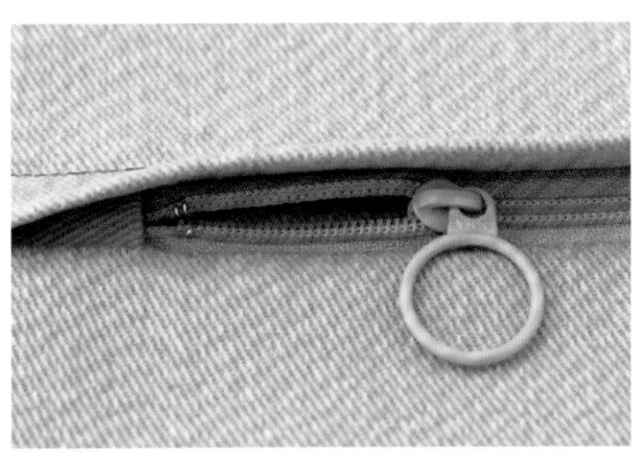

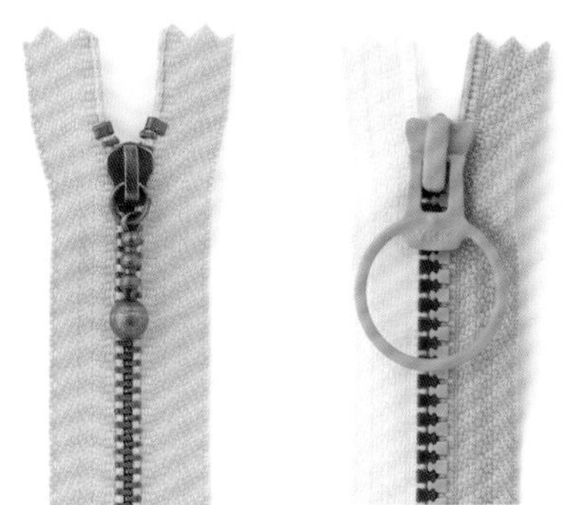

也有拉片經過設計的拉鍊。

C 上側接縫穿入支架口金的拉鍊開口

是便於物品進出的大開口。
裝上長於開口寬度的拉鍊。

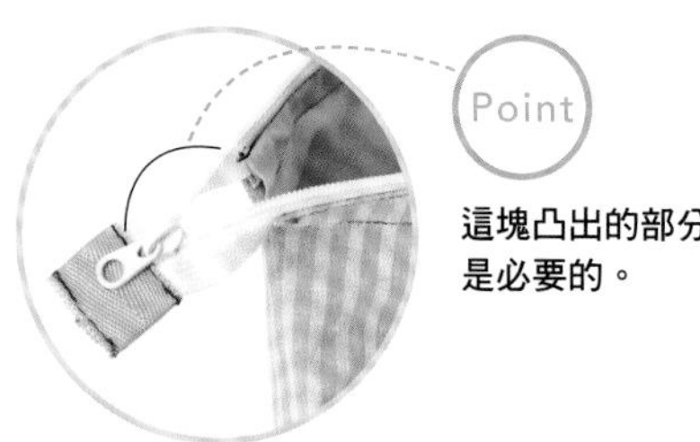
Point
這塊凸出的部分
是必要的。

背部面・正面　前面・正面

背部面・背面　前面・背面

1 在上側接合拉鍊

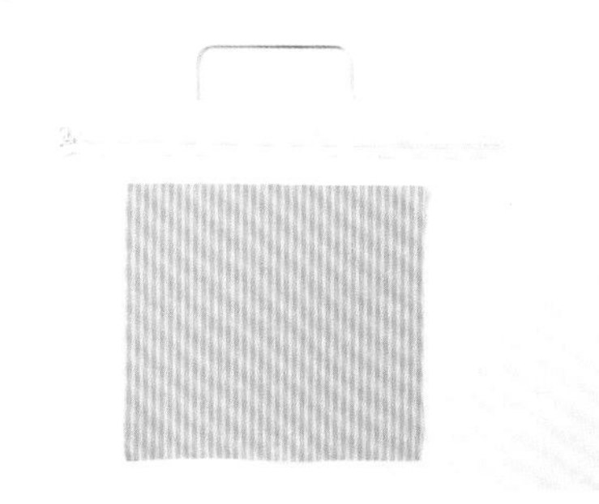

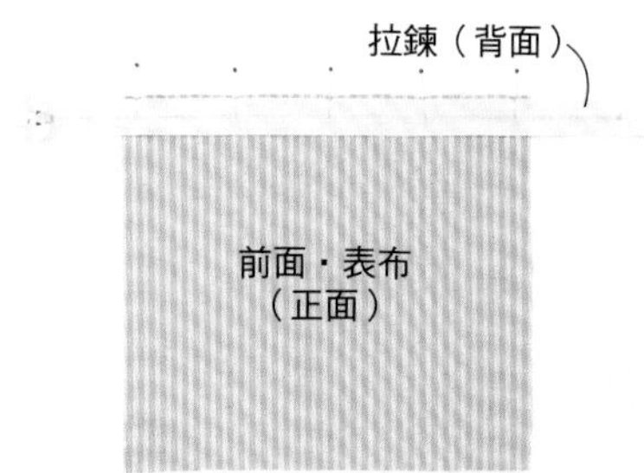
拉鍊（背面）
前面・表布
（正面）

1 前面表布與拉鍊對齊中央，以珠針固定。

2 暫時車縫固定拉鍊布帶邊緣。

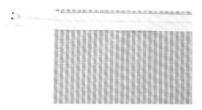

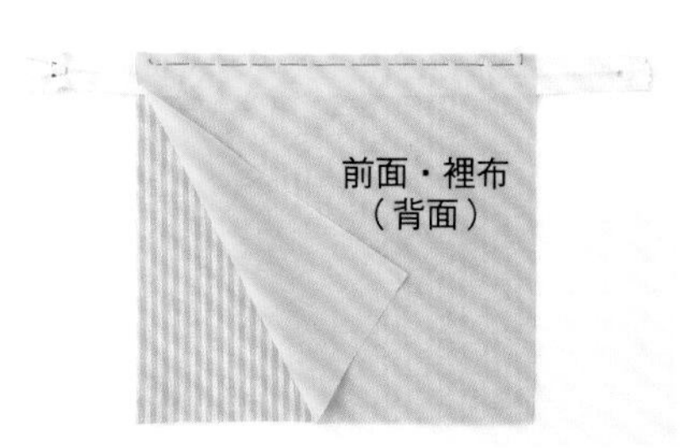
前面・裡布
（背面）

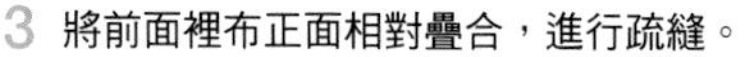

3 將前面裡布正面相對疊合，進行疏縫。

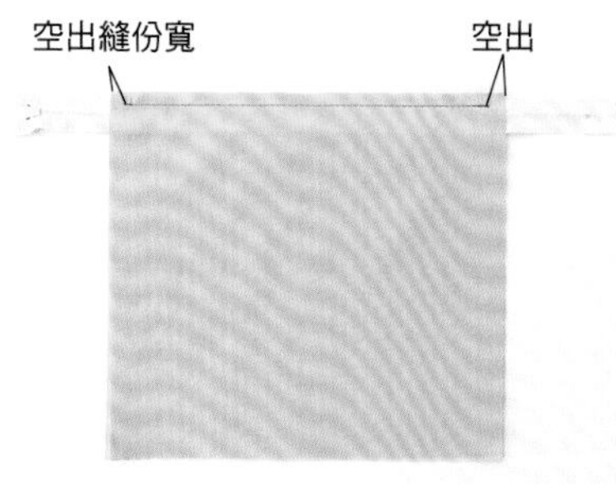
空出縫份寬
空出

4 空出兩脇縫份，進行車縫。

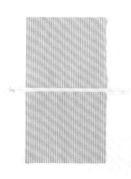

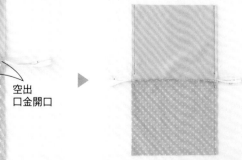

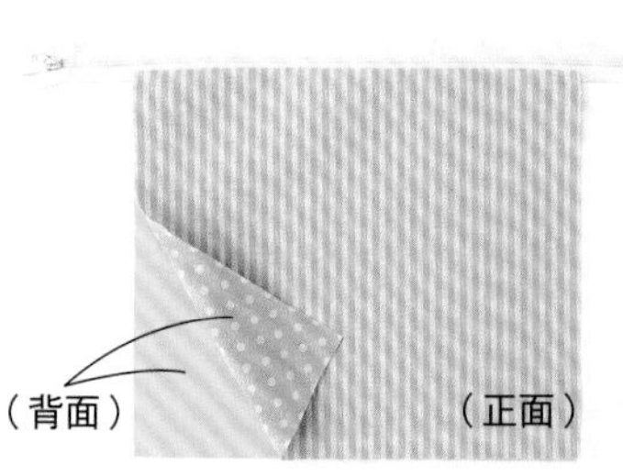
（背面）
（正面）

5 翻至正面。

6 另一側也以相同方式車縫。

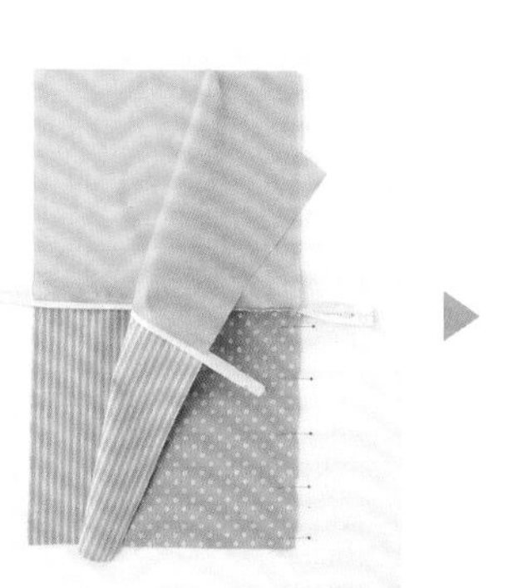

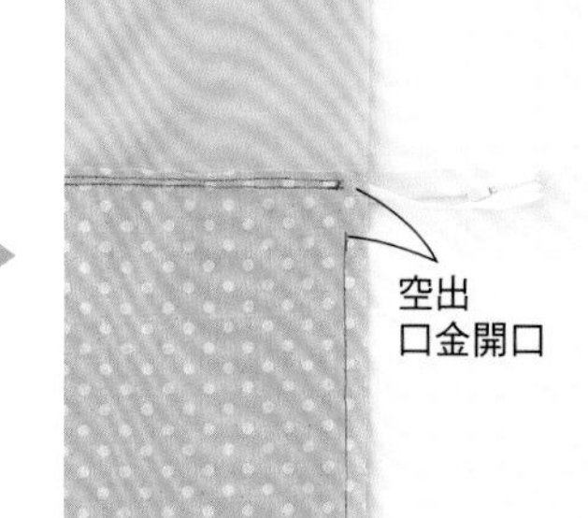
空出
口金開口

7 表布・裡布，分別正面相對疊合車縫。

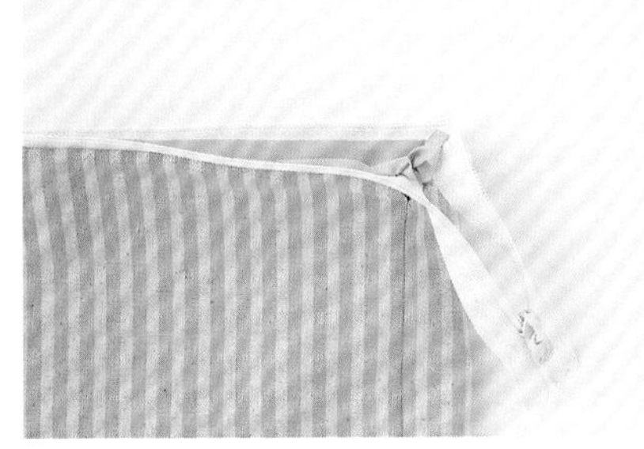

8 翻至正面。

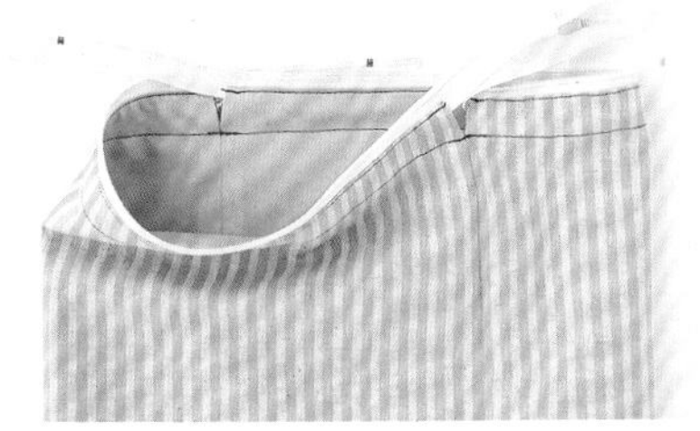

9 在穿入口金的部分壓車縫線。

10 過長的拉鍊布帶，以布料或布帶覆蓋固定後剪斷。

2 縫合其他裁片

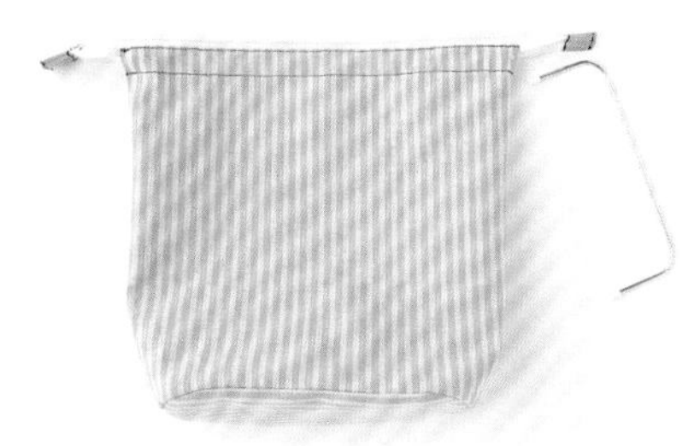

mini column

使用支架口金時，拉鍊的注意事項

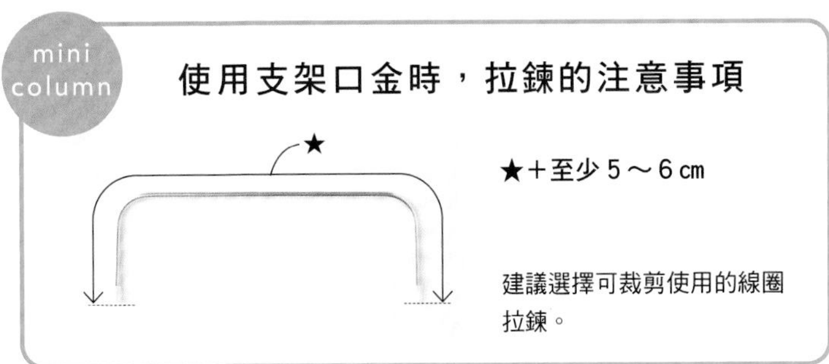
★

★＋至少 5～6 cm

建議選擇可裁剪使用的線圈拉鍊。

3 穿入口金

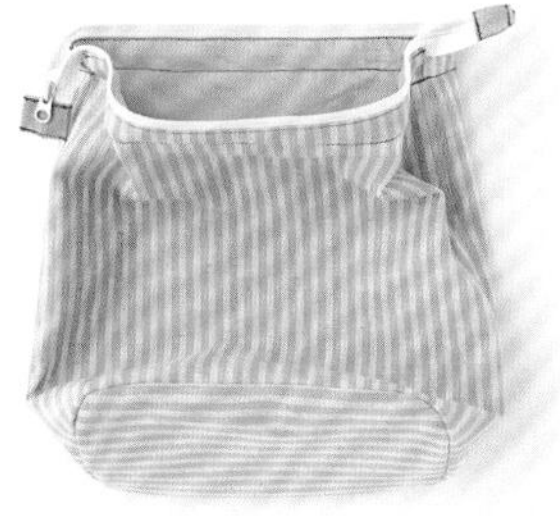

口金穿入完畢之後，就將開口挑縫閉合。

完成

支架口金的魅力在於這個**大大的開口！**

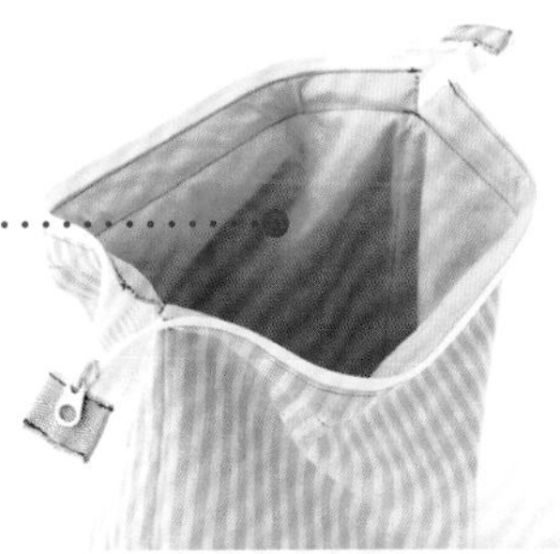

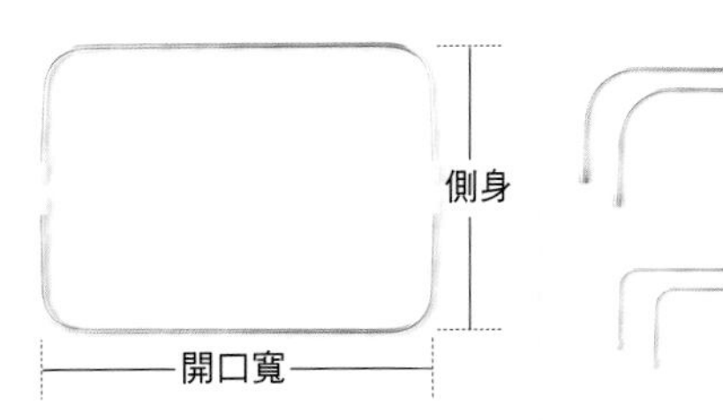
側身
開口寬

將1組口金接合後，即可知道側身尺寸。

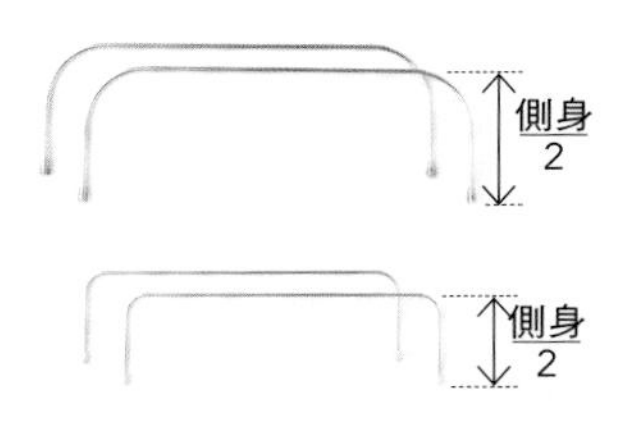
側身/2
側身/2

由於有各種尺寸，因此需考量開口寬與側身進行選擇。

D 上側穿繩閉合的開口

請配合本體用布思考穿繩的部分。
型態就是所謂的束口包。可直接使用，亦可加上掀蓋。

Parts 各種穿繩配件

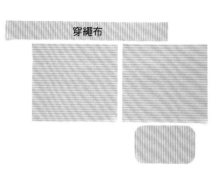

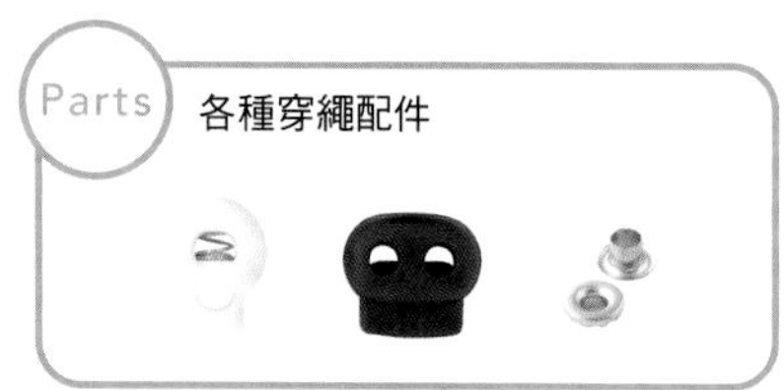

穿繩布

1 車縫穿繩布

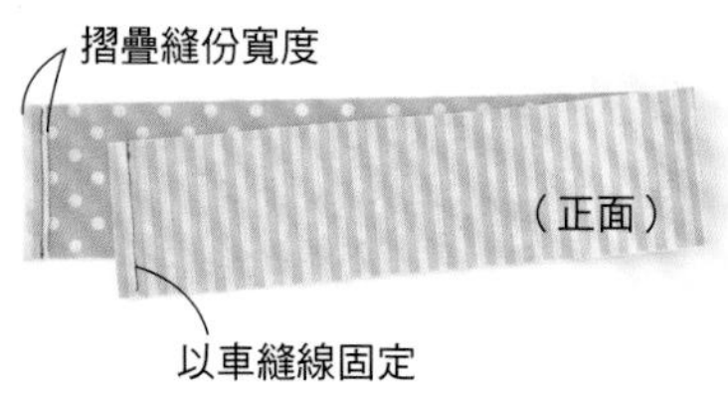
摺疊縫份寬度
（正面）
以車縫線固定

1 車縫兩端作為穿繩口的部分。

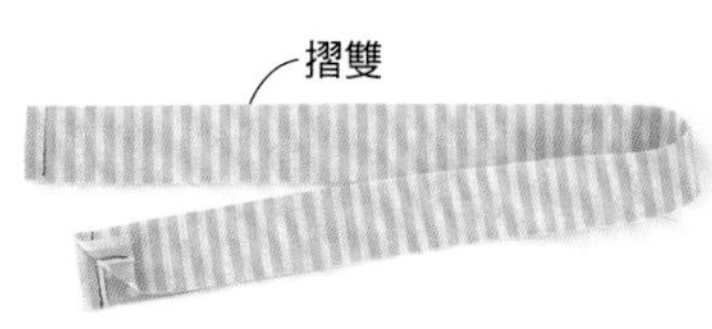
摺雙

2 背面相對疊合對摺。

2 穿繩布與本體縫合

本體
（背面）

1 車縫本體。

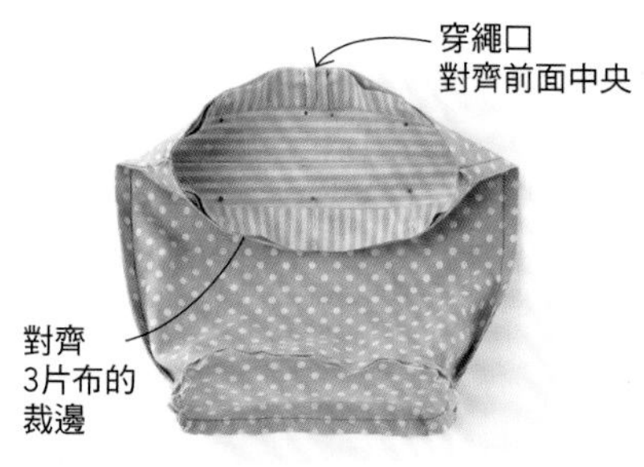
穿繩口
對齊前面中央
對齊
3片布的
裁邊

2 將穿繩布正面相對疊合於本體上側，以珠針固定。

3 車縫。縫份倒向本體側。

4 車縫完成。

穿入編繩，
並裝上了繩釦。

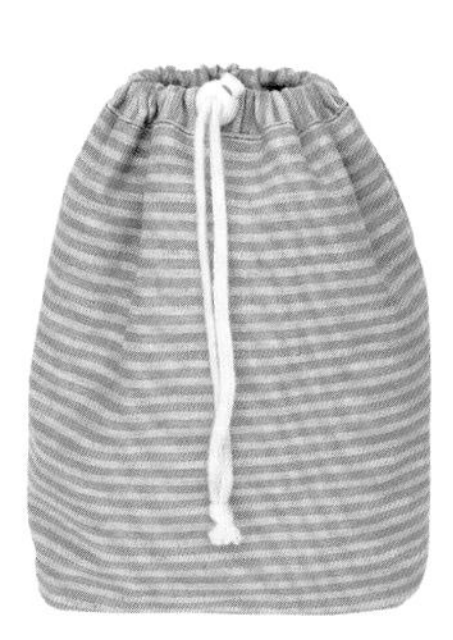

接縫了掀蓋。

完成

D 上側摺疊閉合的開口

若將高度作得較長，即可作成捲式頂端，
是宛如紙袋一般的形狀。
由於沒有可閉合的部分，因此要活用固定零件。

Parts 各種固定零件

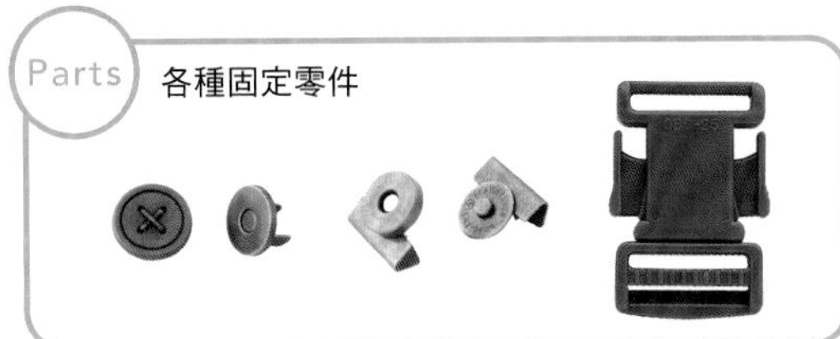

背部面
側面
前面
側面

1 處理開口部分

1 將各裁片的開口位置進行收邊。

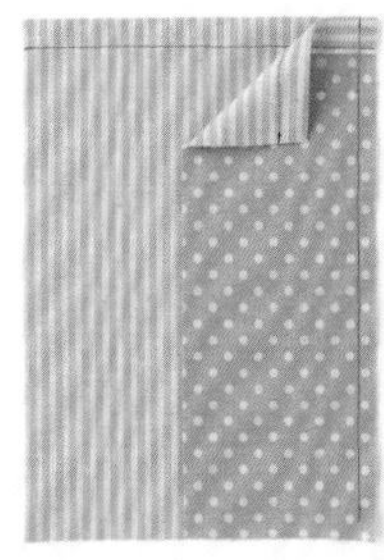

2 縫合本體。

3 縫合所有裁片。

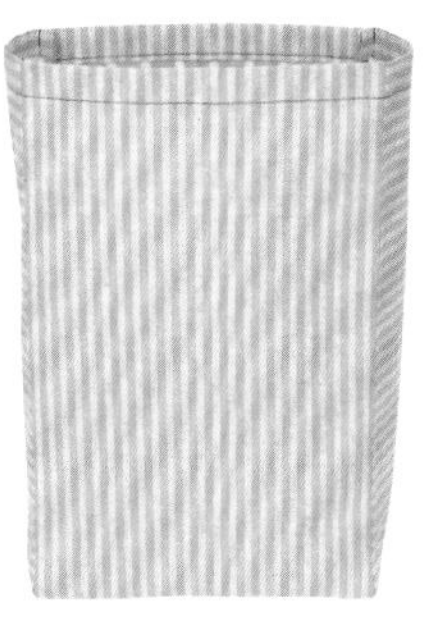

完成

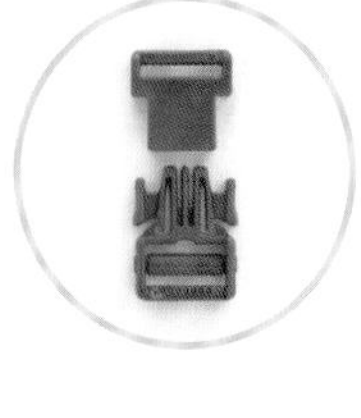

裝上皮帶・固定零件

掀蓋開口後背包

原寸紙型D面

宛如上蓋般的大開口，
稍微作出傾斜度方便使用，
簡單且具有大容量。
表布是水洗加工的尼龍牛津布，
裡布則使用尼龍滌塔夫。

背部面使用泡綿絎縫布，作為背部緩衝。

裡布可選擇同色，亦可選擇圖案布加以配色。雖然是為了補強而接縫，但也是能享受變化樂趣的部分。

作法

＊布料與縫線使用不同顏色，以易於辨識。

材　料

○表布　110×45cm
○表布（別布）　25×45cm
○裡布　110×55cm
○拉鍊（50cm）　1條
○滾邊斜布條（寬1.8cm 兩摺式）　280cm
○日字環（寬3.8cm）　2個
○口形環（寬3.8cm）　2個
○織帶（寬3.8cm）　210cm
※以共布製作背帶時則為170cm
○提把用織帶（寬 2 cm）　20cm

裁布圖

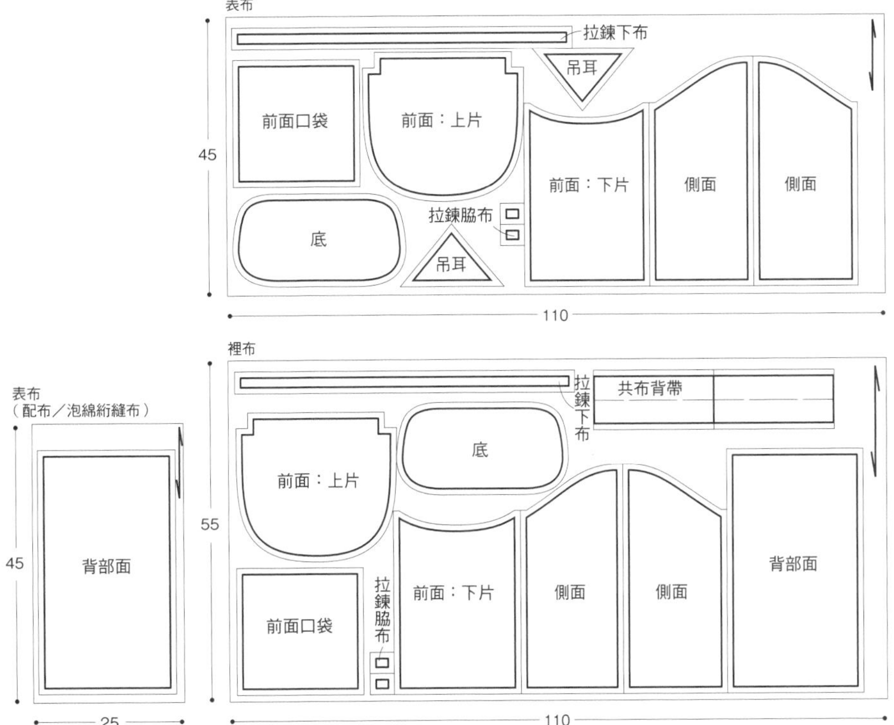

表布
拉鍊下布
吊耳
前面口袋
前面：上片
前面：下片
側面
側面
45
底
拉鍊脇布
吊耳
110
裡布
拉鍊下布
共布背帶
底
前面：上片
55
前面：下片
側面
側面
背部面
前面口袋
拉鍊脇布
110
表布
（配布／泡綿絎縫布）
背部面
45
25

完成尺寸

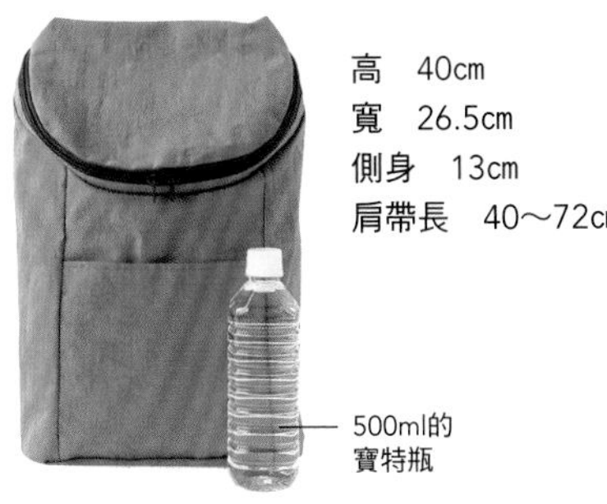

500ml的
寶特瓶

高　40cm
寬　26.5cm
側身　13cm
肩帶長　40～72cm

作法重點

後背包開口拉鍊接合下側，由於是將接縫於拉鍊的細長布條與本體縫合，因此曲線部分的拉鍊僅有上側。雖然增加了裁片與步驟，但也因而變得容易車縫，同時能作出好用的作品。

1 車縫口袋

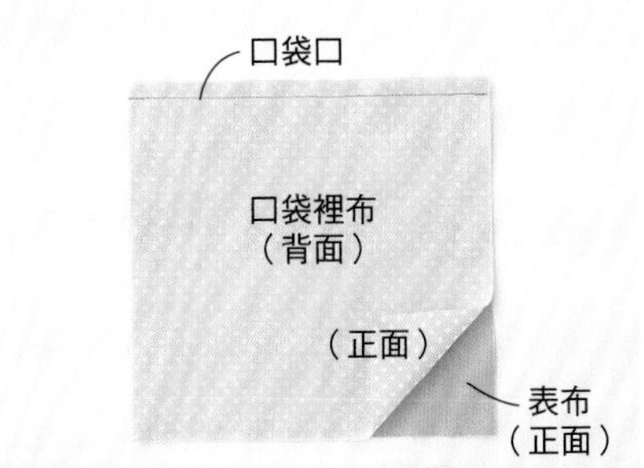

口袋口
口袋裡布
（背面）
（正面）
表布
（正面）

1　口袋布正面相對疊合車縫開口，翻至正面壓車縫線。

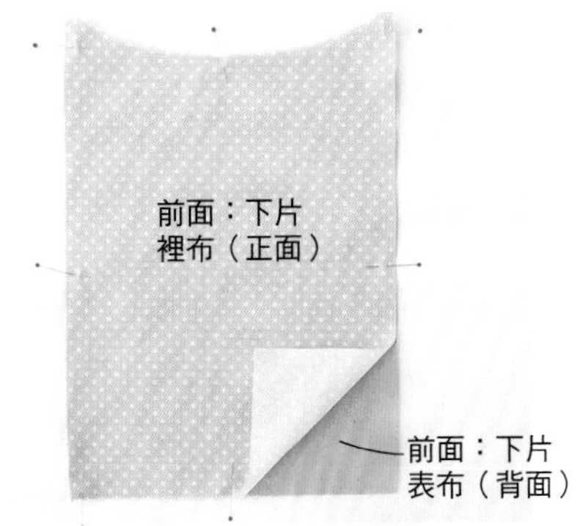

前面：下片
裡布（正面）
前面：下片
表布（背面）

2　將前面：下背面相對疊合車縫固定四周。

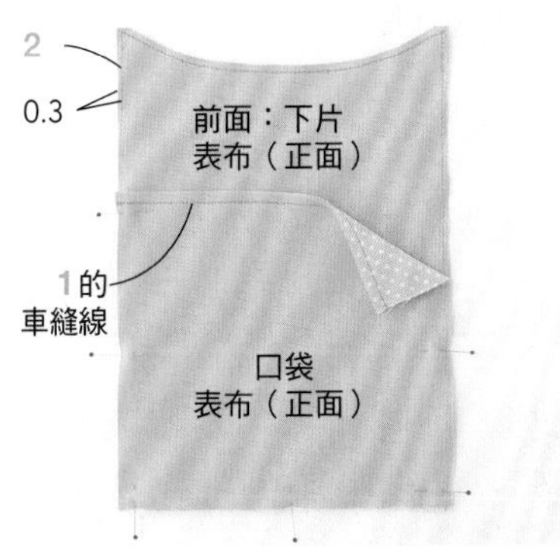

2
0.3
前面：下片
表布（正面）
1的
車縫線
口袋
表布（正面）

3　在前面：下片重疊上口袋，暫時車縫固定。

2 車縫前面與側面

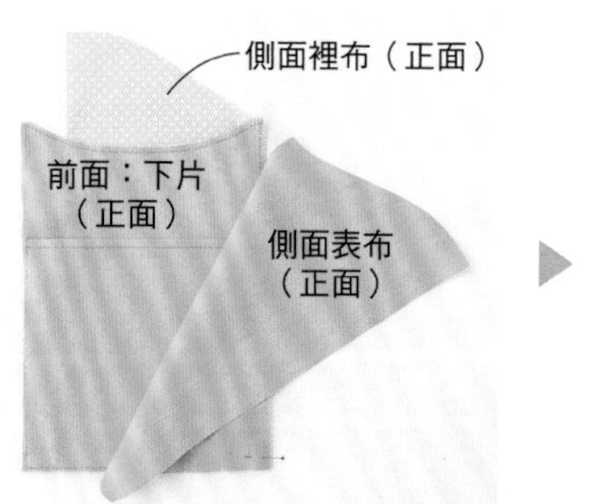
側面裡布（正面）
前面：下片
（正面）
側面表布
（正面）

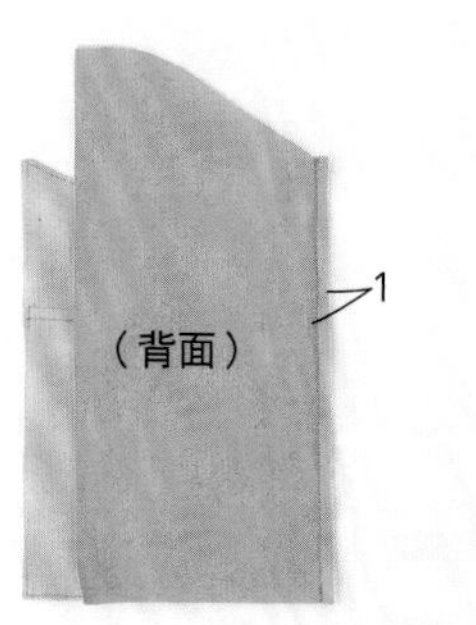
（背面）
1

0.3
0.3
（正面）
（正面）

1 以側面表布與裡布夾住前面：下片車縫。縫份倒向側面。

2 以相同方式也車縫另一側，側面表布與裡布背面相對疊合車縫四周固定。

3 車縫後背包開口

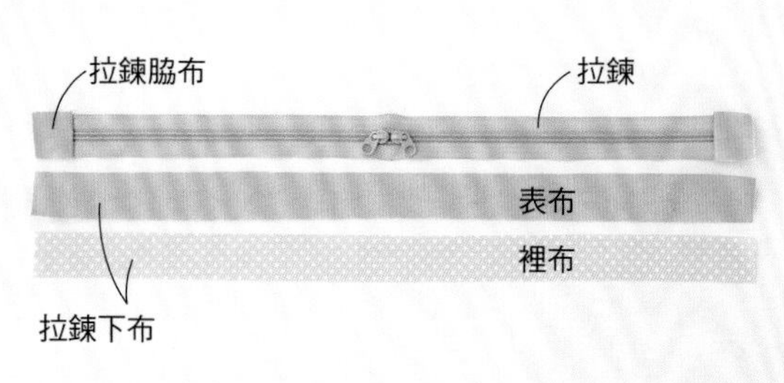
拉鍊脇布
拉鍊
表布
裡布
拉鍊下布

1 在拉鍊接縫脇布，與拉鍊下布車縫（脇布的接縫方式請參照Lesson5 P.57）

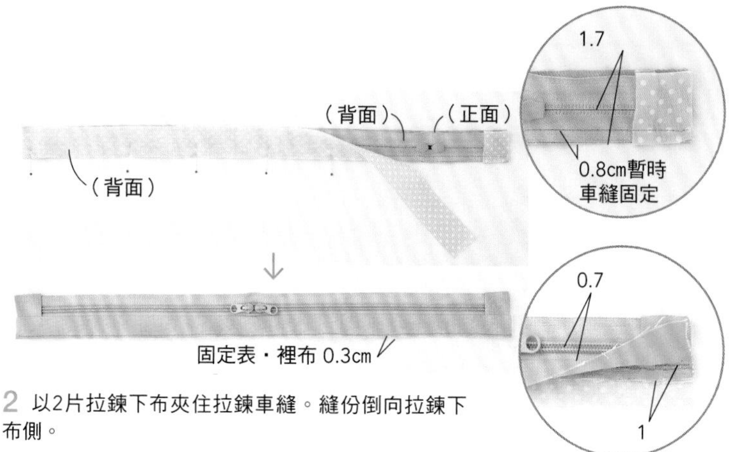
（背面）
（正面）
（背面）
1.7
0.8cm暫時
車縫固定
固定表・裡布 0.3cm
0.7
1

2 以2片拉鍊下布夾住拉鍊車縫。縫份倒向拉鍊下布側。

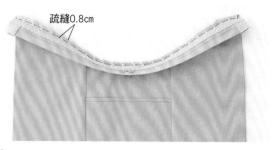

疏縫0.8cm

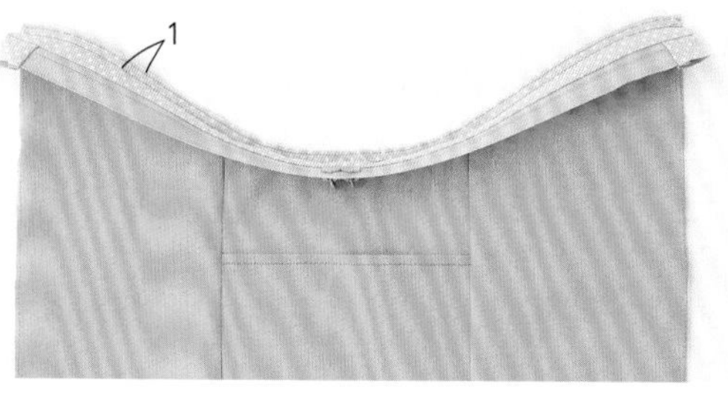
1

3 拉鍊下布正面相對疊合，進行疏縫。

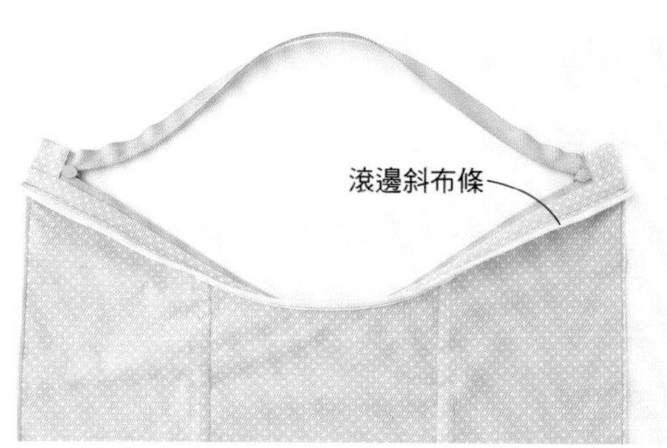
滾邊斜布條

4 縫份以滾邊斜布條收邊，倒向本體（縫份處理請參照Lesson2 P.18，基礎縫法）。

拉鍊下側接縫完成的樣子。

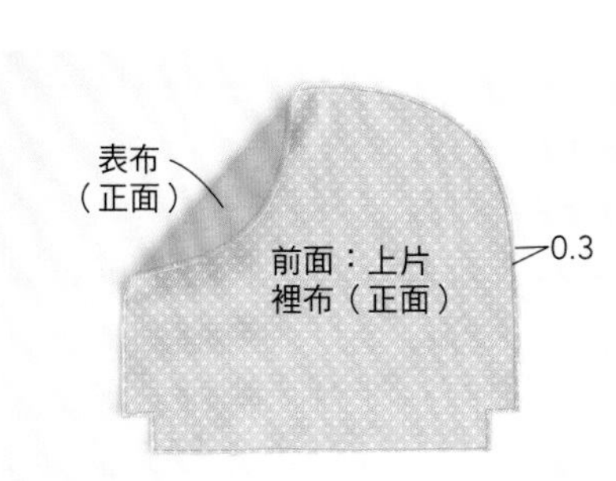
表布
（正面）
前面：上片
裡布（正面）
0.3

5 將前面：上片的表布與裡布背面相對疊合，車縫固定四周。

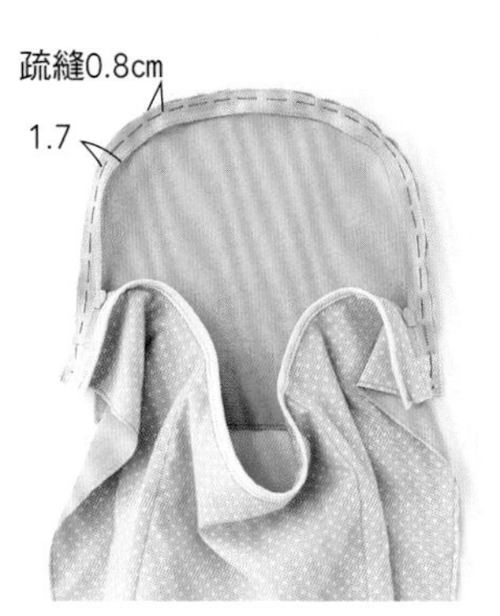
疏縫0.8cm
1.7
1
前面：上片
表布（正面）
拉鍊（背面）

6 縫合前面：上片與拉鍊。由於接合於曲線，因此先疏縫之後再車縫。

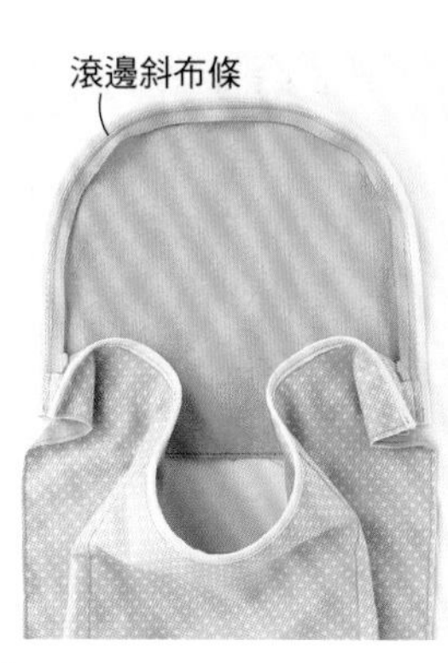
滾邊斜布條

7 縫份以滾邊斜布條收邊。

4 車縫背部面

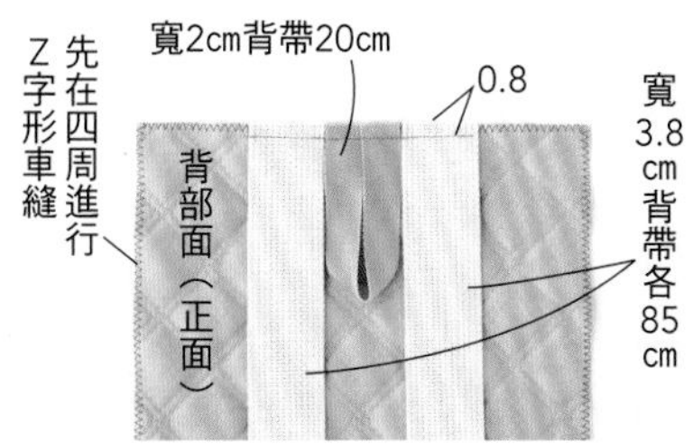
先在四周進行Z字形車縫
寬2cm背帶20cm
0.8
背部面（正面）
寬3.8cm背帶各85cm

1 在上部暫時車縫固定肩帶與提把。

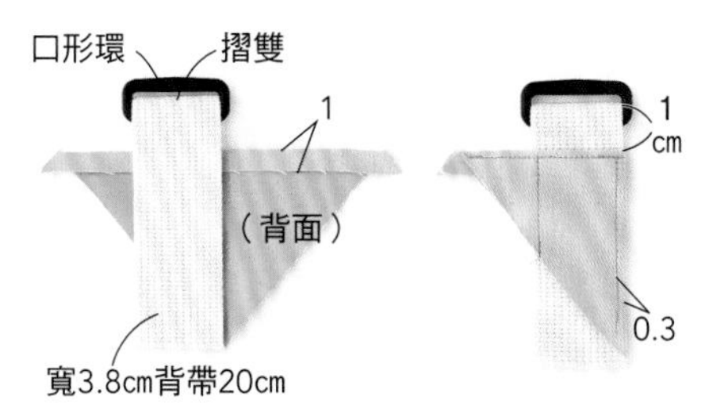
口形環
摺雙
1
（背面）
寬3.8cm背帶20cm
1cm
0.3

當織帶過厚等狀況
☆使用共布製作背帶（附原寸紙型）

共布背帶（背面）
摺雙 ▼
3.8cm （正面）
20cm

2 車縫吊耳。將背帶穿過口形環對摺，壓車縫線。製作2個。
☆作品使用裡布製作背帶。

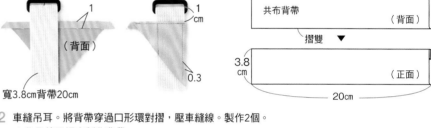

0.5
修剪多餘處

3 在兩脇暫時車縫固定吊耳。

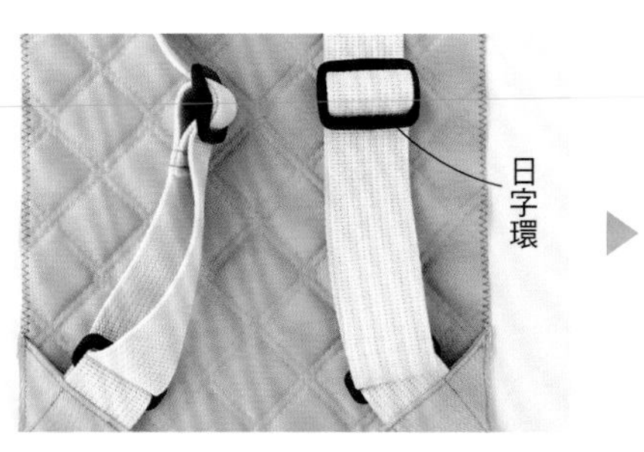
日字環

4 將肩帶穿過日字環，穿過口形環，連接成環狀車縫末端。

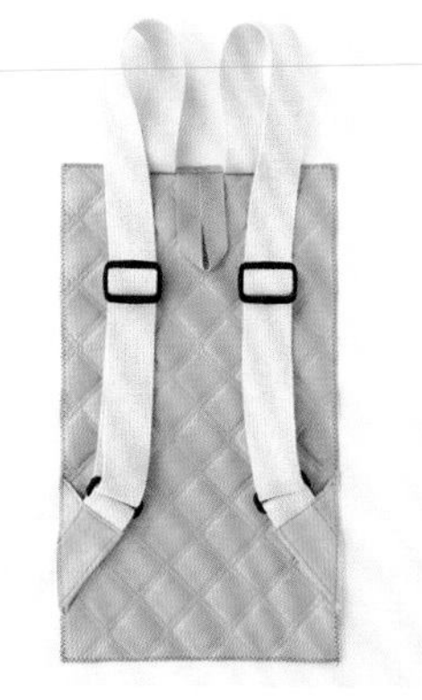

背部面車縫完成所有零件的樣子。

5 車縫本體與背部面

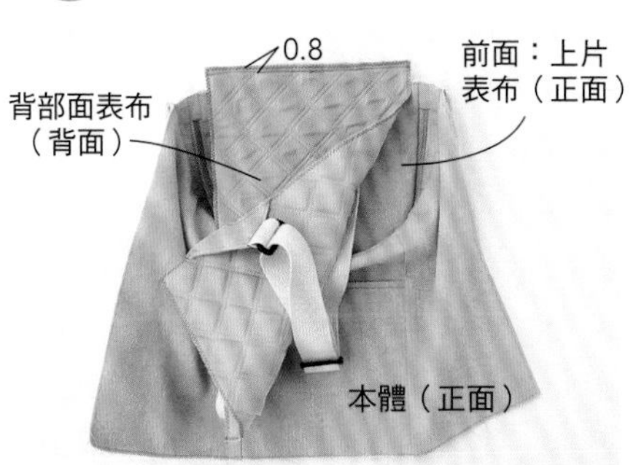
0.8
前面：上片
表布（正面）
背部面表布
（背面）
本體（正面）

1 將前面：上片與背部面的上側正面相對疊合，暫時車縫固定。

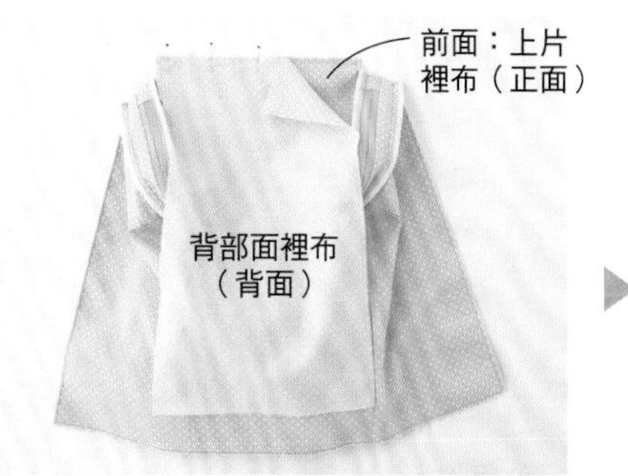
前面：上片
裡布（正面）
背部面裡布
（背面）

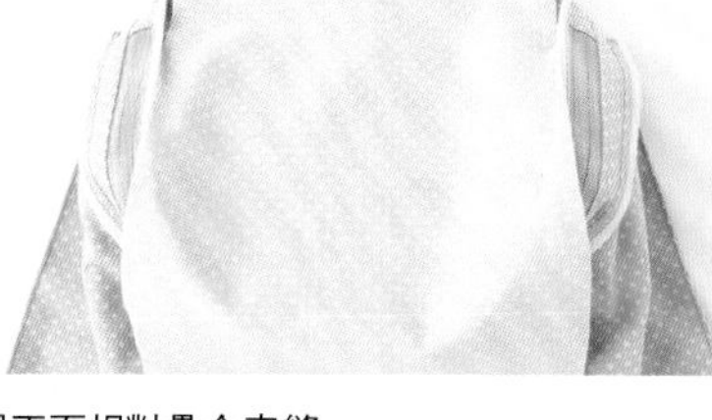
1

2 從裡布側觀看，背部面裡布與步驟1縫合完成的位置正面相對疊合車縫。

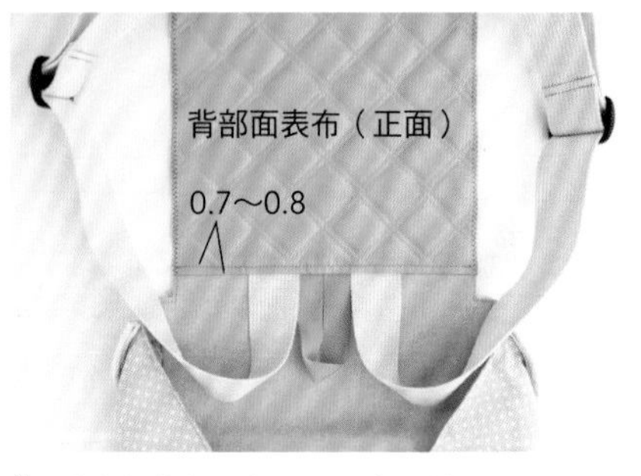
背部面表布（正面）
0.7～0.8

3 僅掀起背部面表布，壓車縫線。

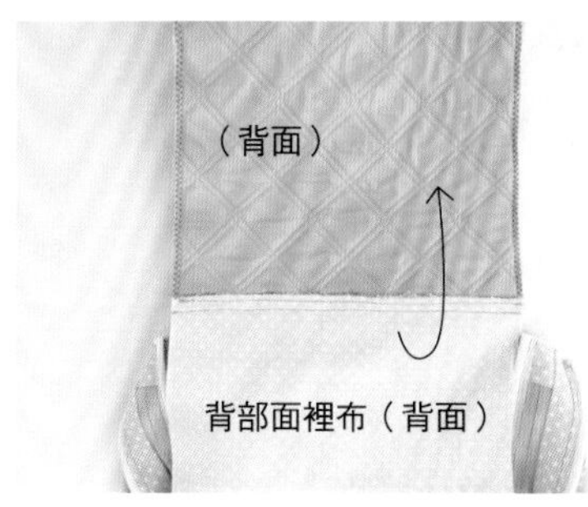
（背面）
背部面裡布（背面）
背部面裡布（正面）
0.3cm
固定

4 翻至背面側將背部面裡布與表布背面相對疊合，車縫固定四周。

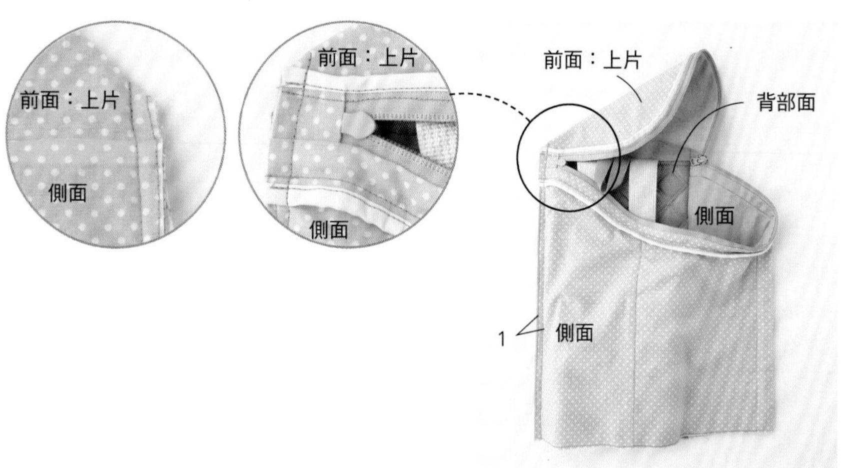
前面：上片
側面
前面：上片
側面
前面：上片
背部面
側面
1
側面

5 將側面與背部面正面相對疊合車縫。

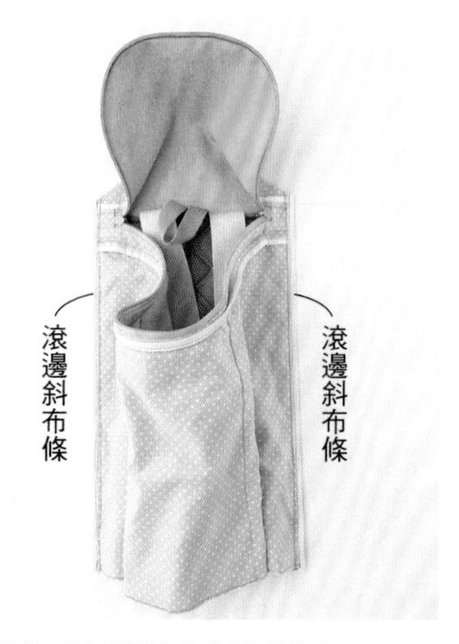
滾邊斜布條
滾邊斜布條

6 縫份以滾邊斜布條收邊（參照Lesson2 P.19，**B**）。

6 車縫底部

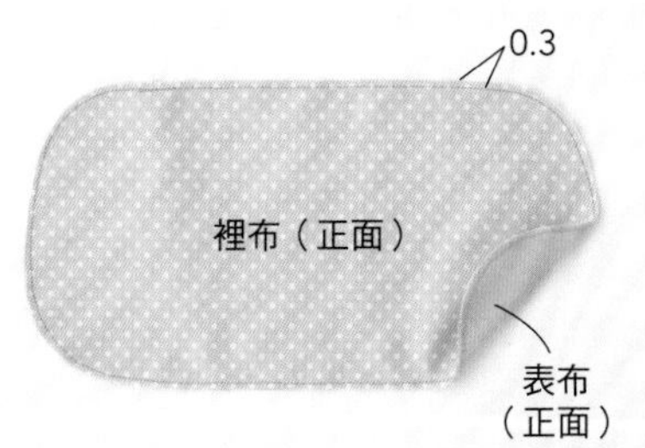
0.3
裡布（正面）
表布
（正面）

1 將表布與裡布背面相對疊合，車縫固定四周。

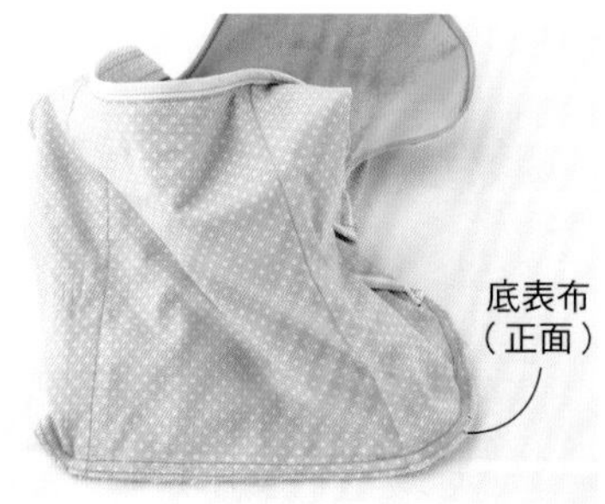
底表布
（正面）

2 與本體正面相對疊合車縫。

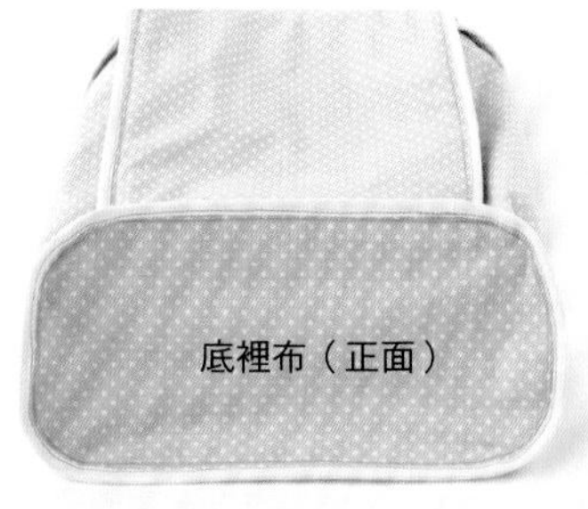
底裡布（正面）

3 縫份以滾邊斜布條收邊（參照Lesson2 P.19，**C**）。

完成

Rucksack

Lesson

4

肩帶

將後背包不可欠缺，用於揹負的肩帶，製作成可調節長度。
添加各種使用習慣及偏好，
是手作特有的原創後背包才能作到的部分。

使用織帶

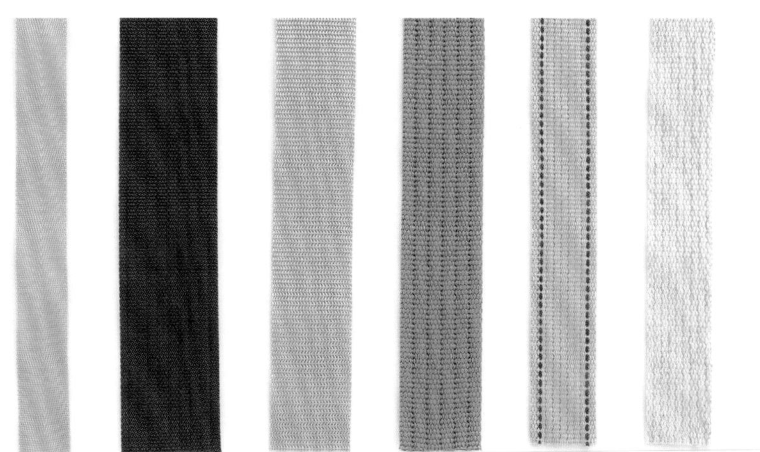

壓克力、聚酯纖維、嫘縈、棉、麻等，無論是材質、寬度還是厚度，具有各種類型。按照使用位置進行選擇。不論是縫合或是摺疊車縫的狀況，請事先確認2片重疊的厚度會比較安心。

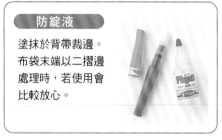

防綻液

塗抹於背帶裁邊。布袋末端以二摺邊處理時，若使用會比較放心。

製作背帶

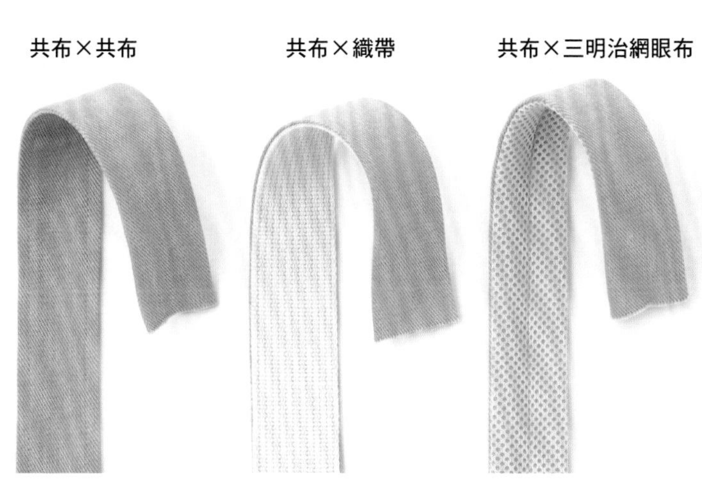
共布×共布
共布×織帶
共布×三明治網眼布

壓在肩膀的部分，作得較寬並加入緩衝性，會較為穩定。
以梯形環固定的背帶，亦可依自己喜好手工製作。

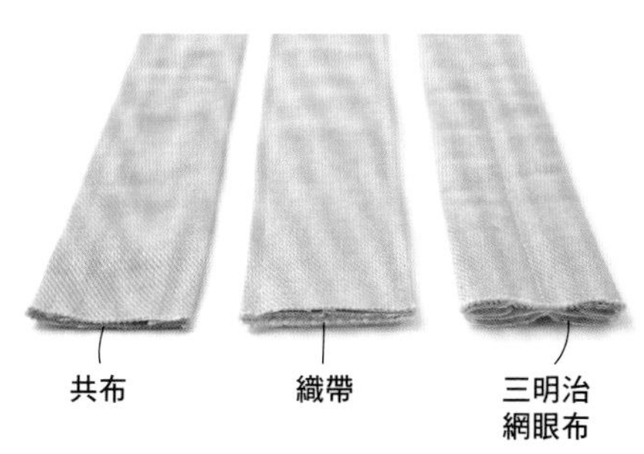
共布
織帶
三明治
網眼布

配合背帶使用的
梯形環

用來調節長度的配件。
稱作「日字環」「日形環」「日字釦」的種類，是與口形環搭配使用。
稱作「梯形環」的種類則常見於後背包。

穿入1條背帶使用的日字環

有金屬製與塑鋼製

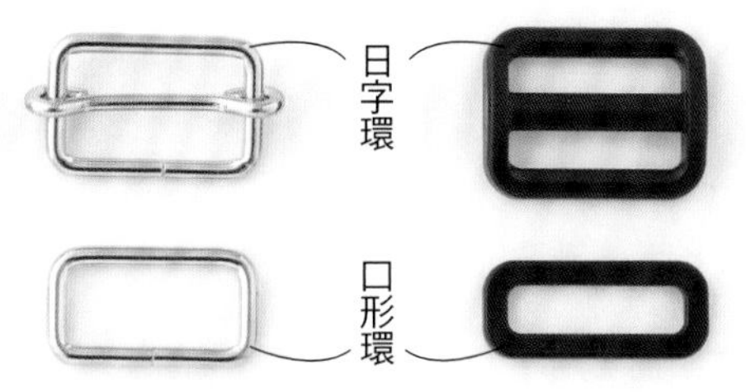
日字環
口形環

作品範例
P.20

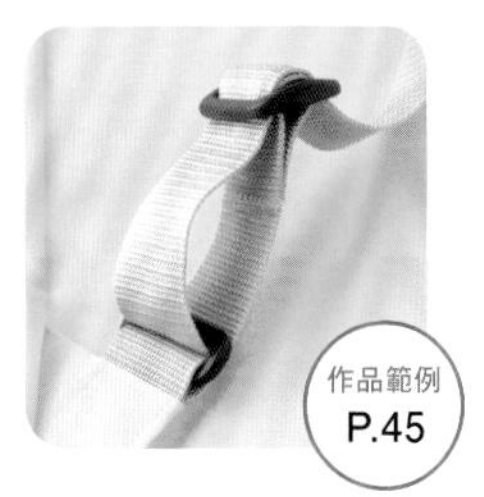
作品範例
P.45

連接2條背帶使用的梯形環

固定1條背帶，以另1條調整長度。
為塑鋼配件。

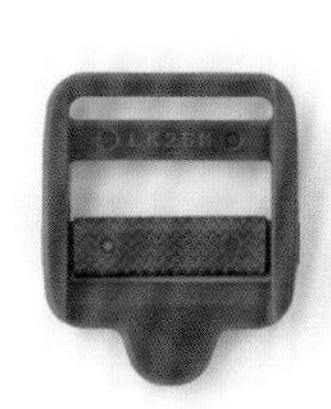

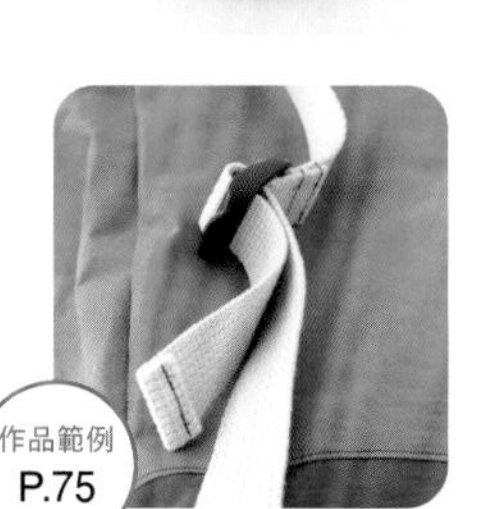
作品範例
P.75

● 穿帶方法

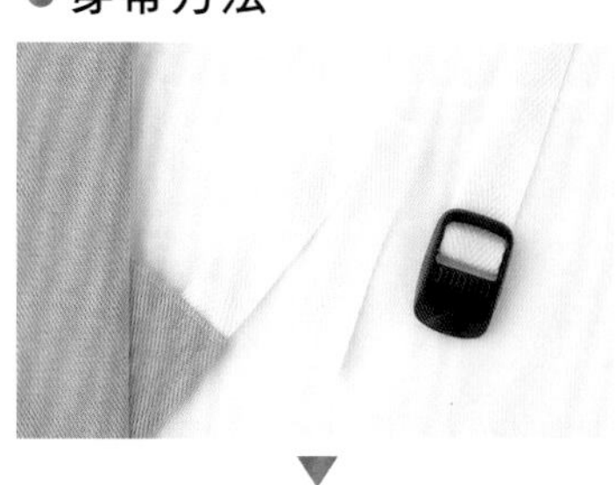

▼

肩帶接合位置

◉ 肩側　在頸根附近，靠往中央接合。

● 夾入邊緣

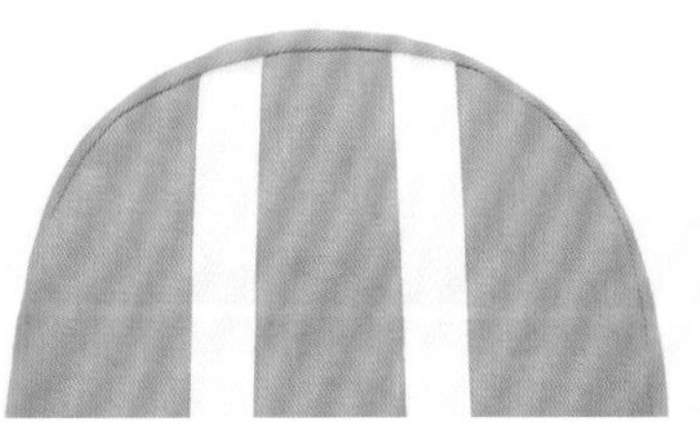

● 疊上背帶，貼合接縫

● 夾入背部面剪接

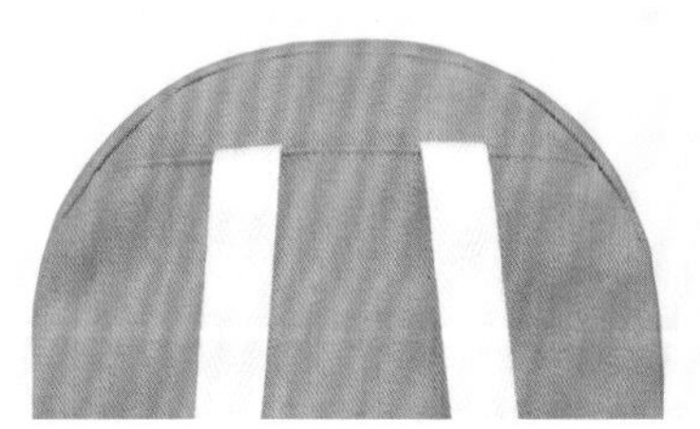

◉ 底側　接合時比起肩側作出更大的間距。若接合在兩側就會貼合身體。

● 夾入底部邊緣

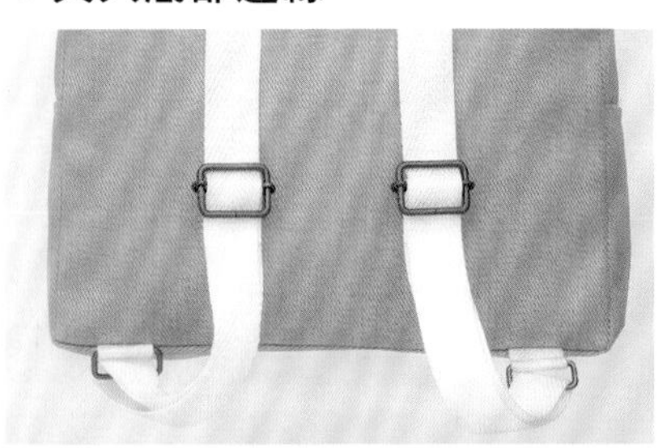

● 夾入側面邊緣

▶裝上三角吊耳，可增加貼合度。

掀蓋式頂端後背包

原寸紙型B面

為了維持簡單的造型，在背部面夾入棉襯。
以共布和織帶製作的寬板肩帶堅固又俐落。
可在材質和配件上享受各種變化樂趣。

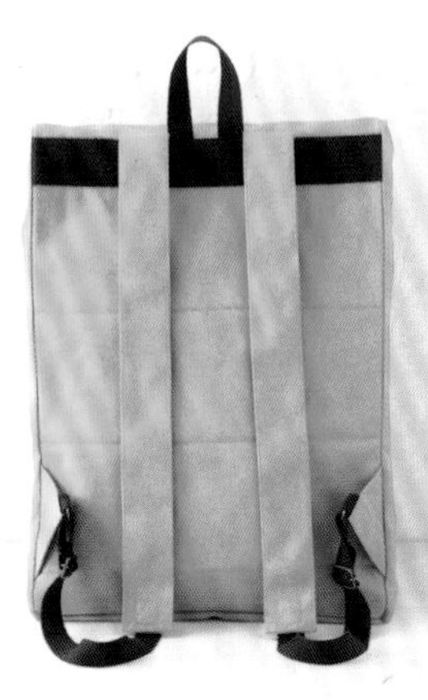

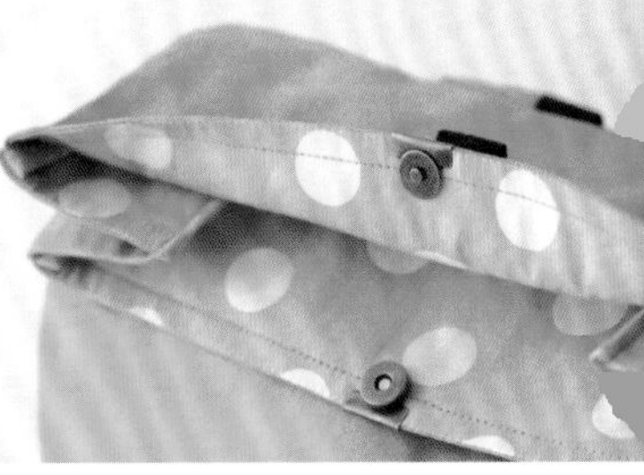

在後背包開口裝上夾式磁釦。一處被固定就容易摺疊。亦可使用壓釦。

Arrange

捲式頂端後背包

僅需要將高度加長即可製作成頂端收捲款式。
由於要捲起開口，因此更換素材以單層縫製，
底部使用泡綿絎縫布製作得更為堅固。

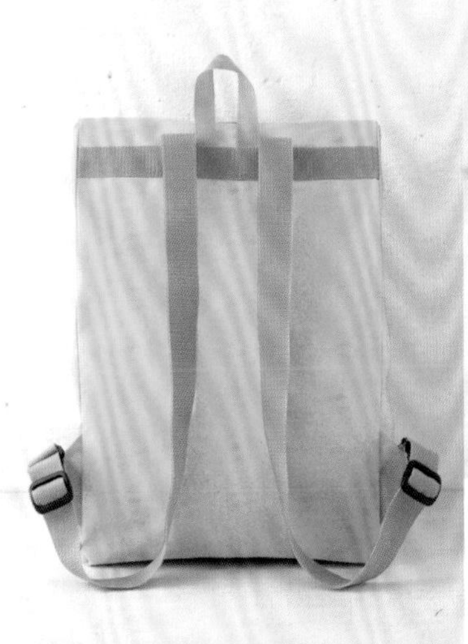

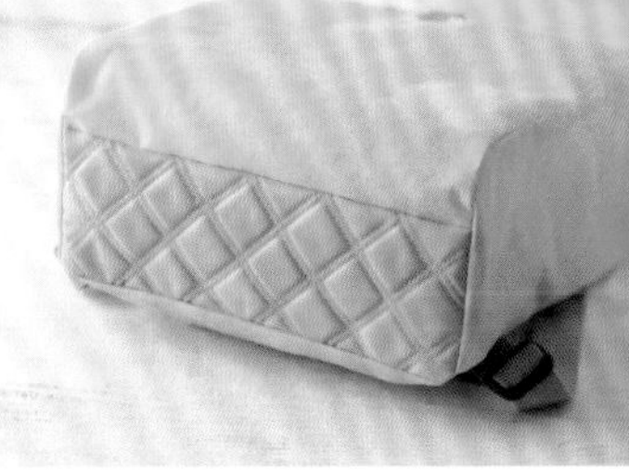

使用水洗加工尼龍牛津布。背包開口是三摺邊佐以車縫線，肩帶則使用織帶。

作法

＊布料與縫線使用不同顏色，以易於辨識。

材　料

○表布　110×70cm
○裡布　100×60cm
○接著棉襯　35×45cm
○滾邊斜布條（寬1.8cm 兩摺式）　260cm
○日字環（寬 2 cm）　2 個
○口形環（寬 2 cm）　2 個
○插釦（寬 2 cm）　1 組
○織帶（寬3.8cm）　120cm
　　（寬 2 cm）　180cm
○磁釦　1 組

插釦

磁釦

完成尺寸

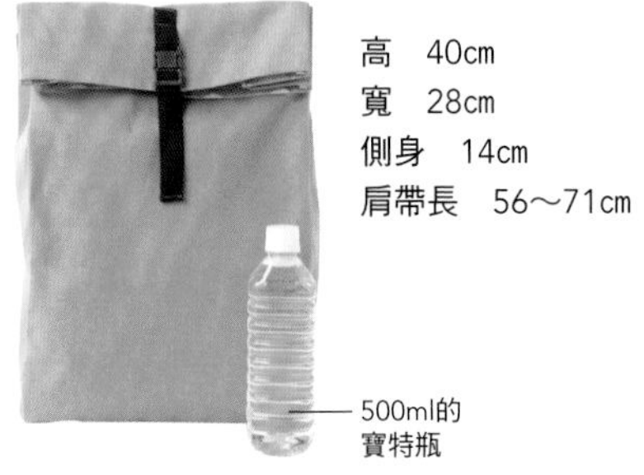
500ml的
寶特瓶

高　40cm
寬　28cm
側身　14cm
肩帶長　56〜71cm

作法重點

是開口可如同紙袋般摺疊的後背包。背部面的補強與肩帶接合方法，亦可作為將提包變化成後背包的參考。

裁布圖

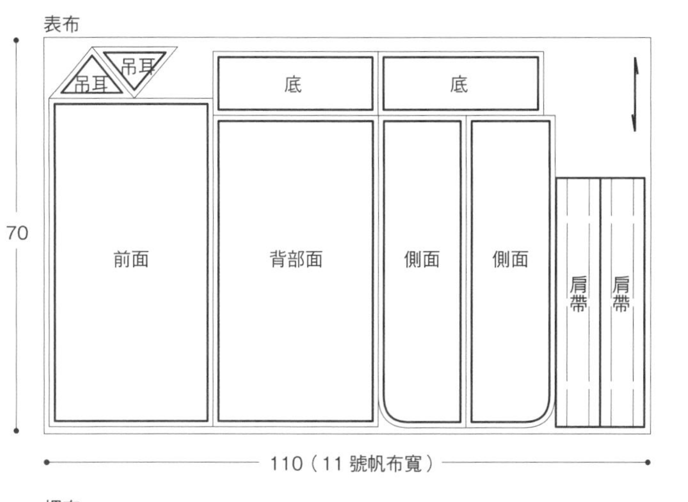
表布
吊耳
吊耳
底
底
前面
背部面
側面
側面
肩帶
肩帶
70
110（11 號帆布寬）

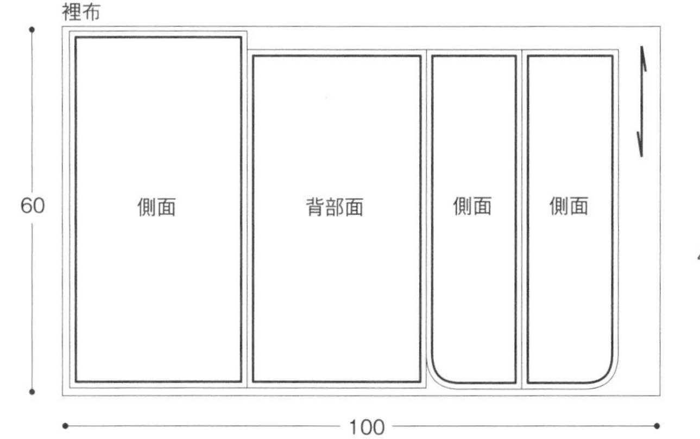
裡布
側面
背部面
側面
側面
60
100

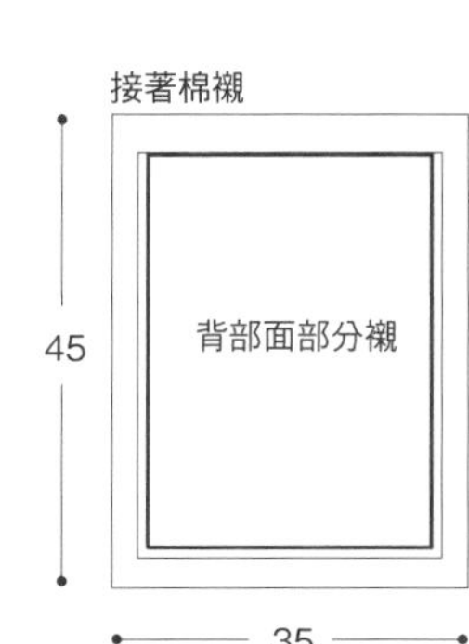
接著棉襯
背部面部分襯
45
35

1 車縫前面

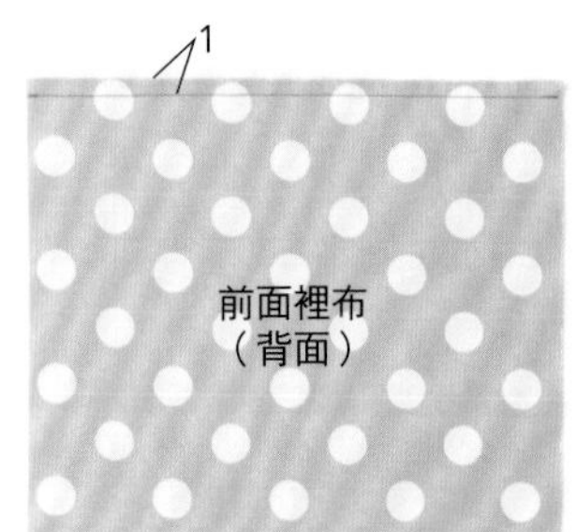
1
前面裡布
（背面）

1 前面表布與裡布正面相對疊合，車縫後背包開口。

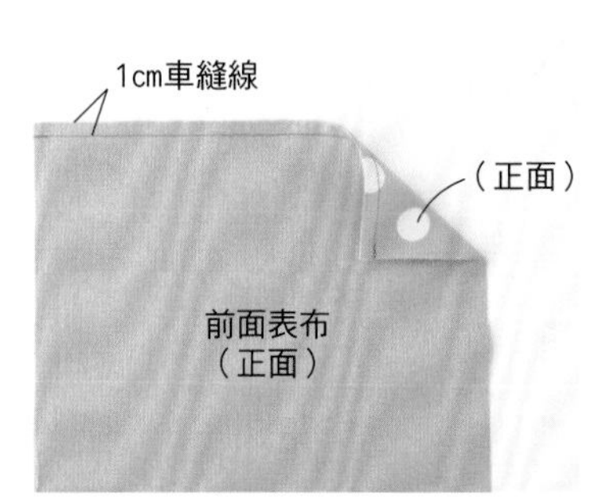
1cm車縫線
（正面）
前面表布
（正面）

2 翻至正面，壓車縫線。

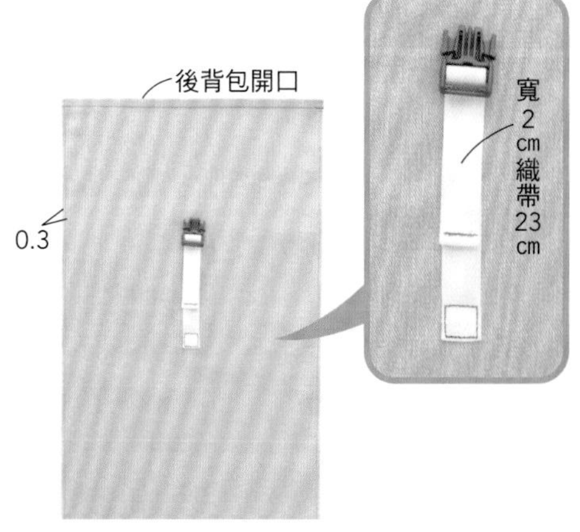
後背包開口
0.3
寬2cm織帶23cm

3 車縫固定四周，並縫上已穿入插釦的織帶。

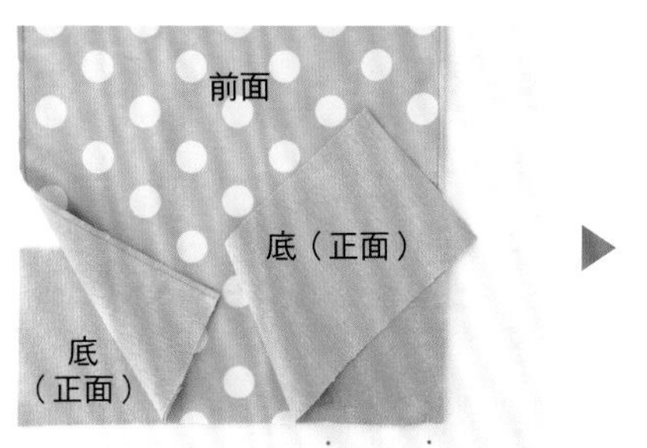
前面
底（正面）
底
（正面）

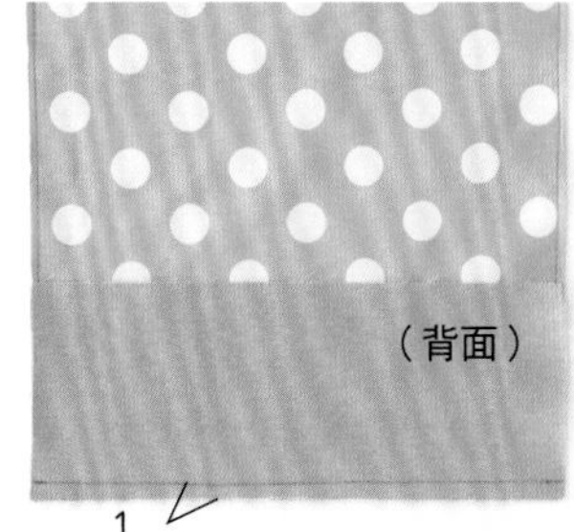
（背面）
1

（背面）
（背面）

4 以底布夾入前面對齊縫合。

5 翻至正面。

2 車縫背部面

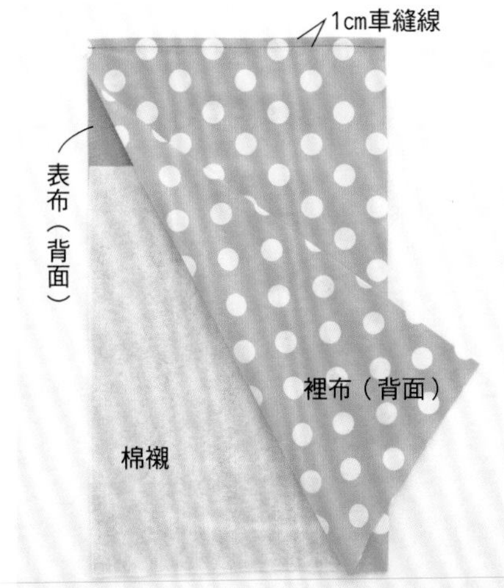
1cm車縫線
表布（背面）
裡布（背面）
棉襯

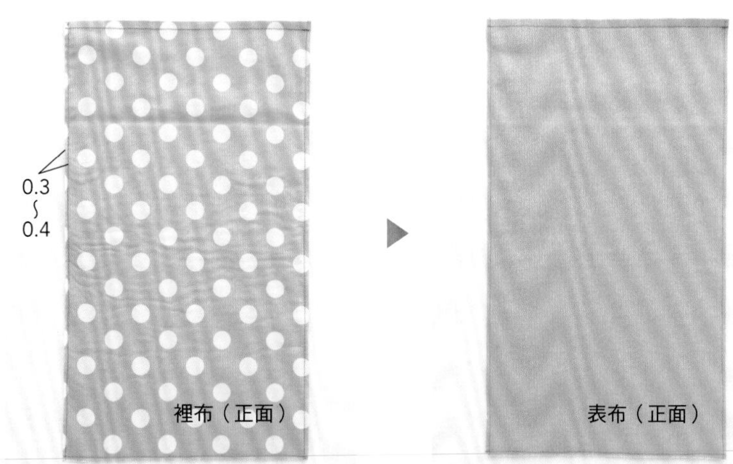
0.3
〜
0.4
裡布（正面）
表布（正面）

1 以前面的相同方式車縫後背包開口，貼上棉襯。

2 對齊表布及裡布，車縫固定周圍。

3 車縫肩帶

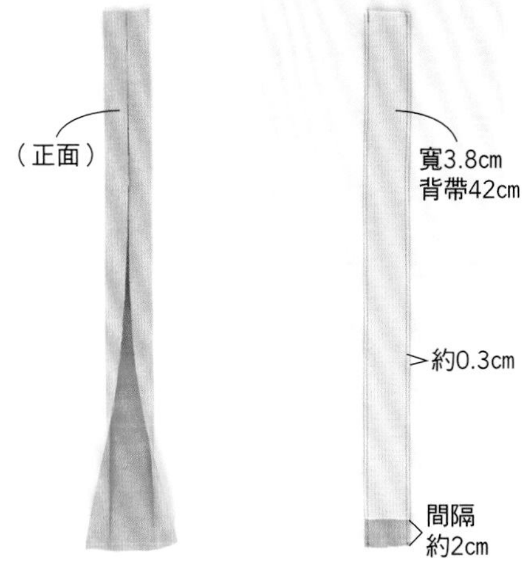
（正面）
寬3.8cm
背帶42cm
約0.3cm
間隔
約2cm

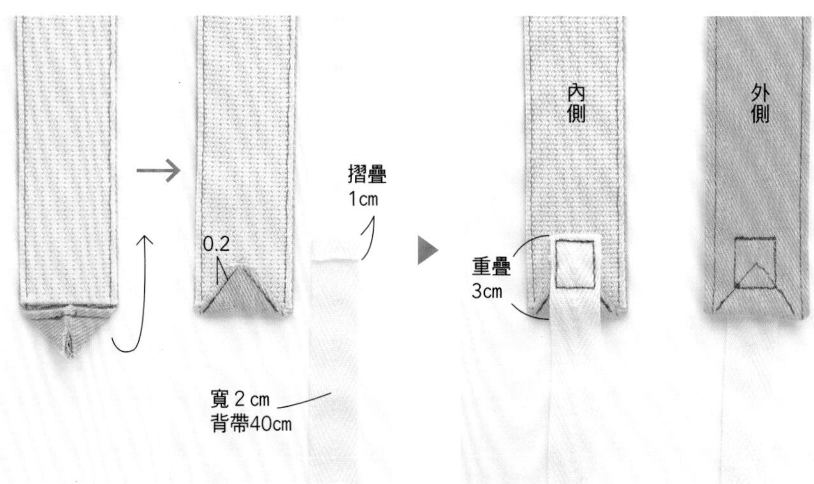
0.2
摺疊
1cm
寬 2 cm
背帶40cm
重疊
3cm
內側
外側

1 背面相對疊合摺疊兩側，重疊背帶壓車縫線。

2 表布末端摺疊成三角形，縫合固定。重疊車縫另一條背帶。

4 車縫吊耳

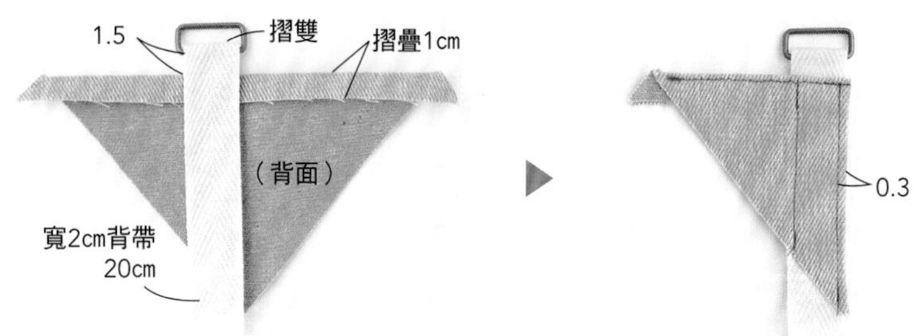
1.5
摺雙
摺疊1cm
（背面）
寬2cm背帶
20cm
0.3

以吊耳夾住已穿入口形環的背帶車縫。以車縫線牢牢固定。

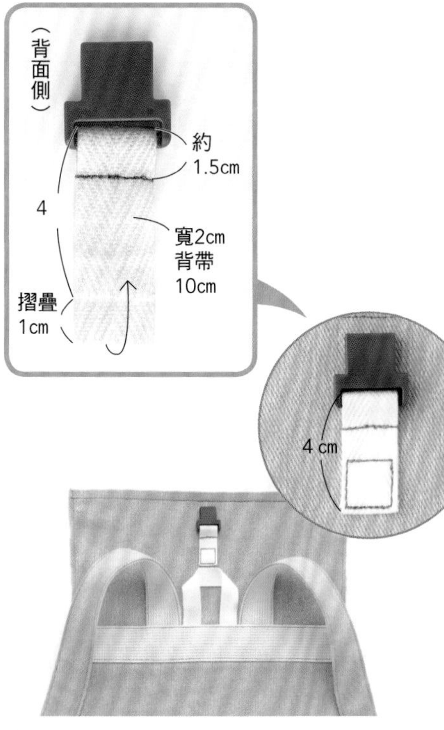
（背面側）
約
1.5cm
4
寬2cm
背帶
10cm
摺疊
1cm
4 cm

5 縫合

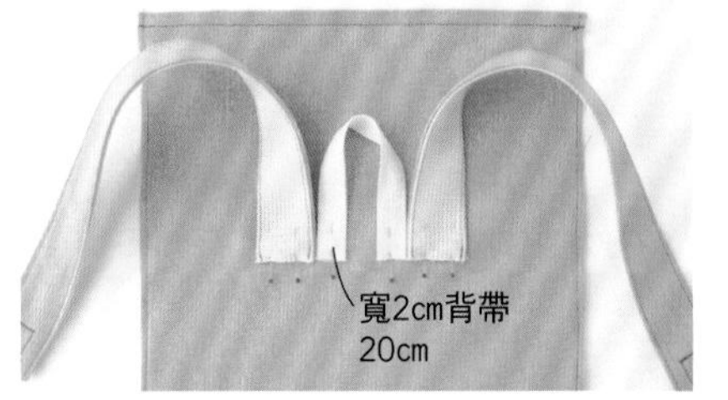
寬2cm背帶
20cm

1 將提把與肩帶固定於背部面上側。

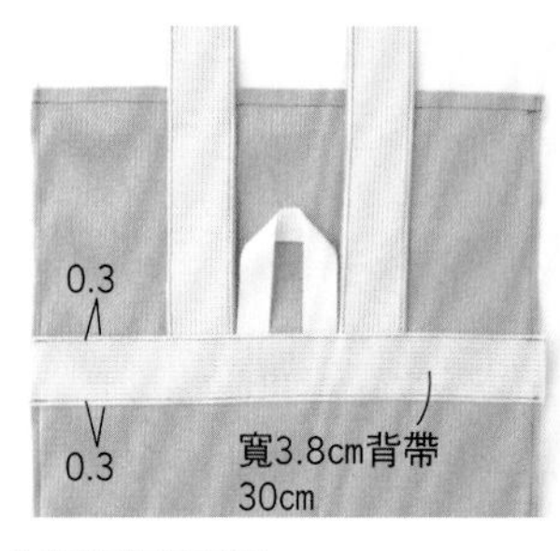
0.3
0.3
寬3.8cm背帶
30cm

2 疊上背帶進行車縫。

3 縫合穿有插釦的背帶。

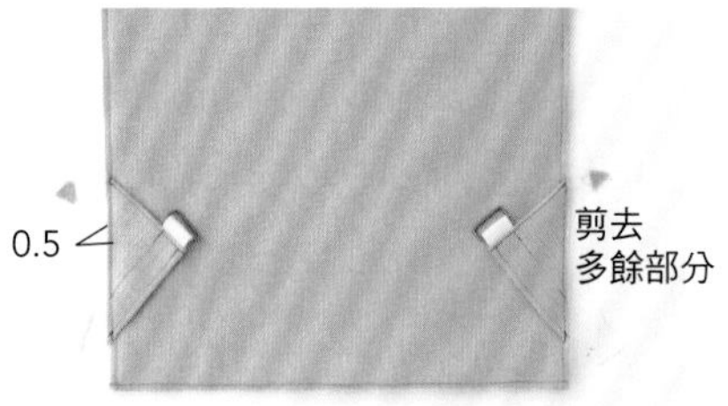
0.5
剪去
多餘部分

4 吊耳暫時車縫固定於兩脇。

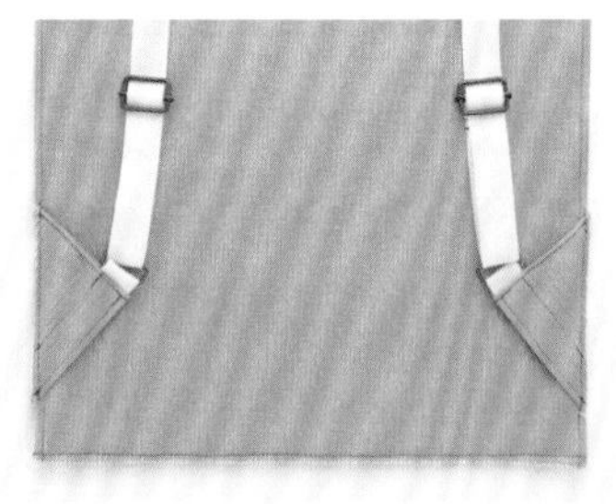

5 肩帶穿入日字環，穿入口形環後接縫末端形成環狀。

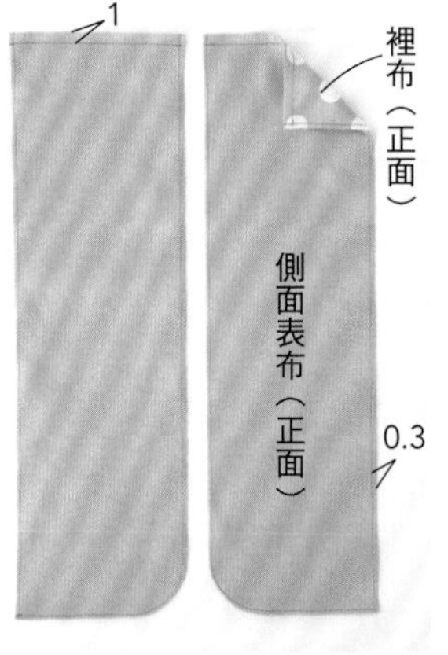
1
裡布（正面）
側面表布（正面）
0.3

6 以前面相同的方式車縫後背包開口，車縫固定四周。

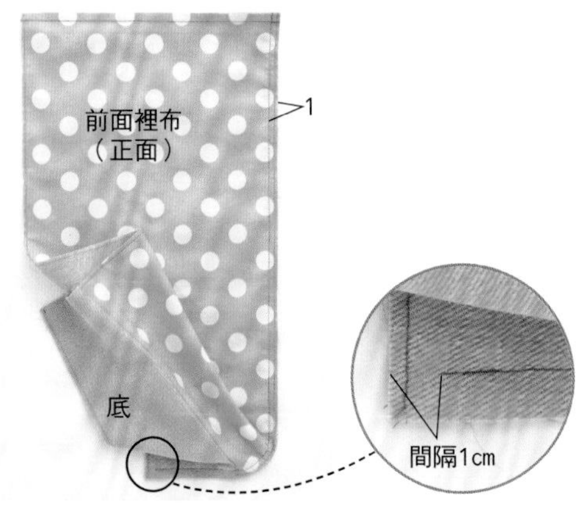
前面裡布
（正面）
1
底
間隔1cm

7 將前面正面相對疊合於側面表布（正面）縫合。

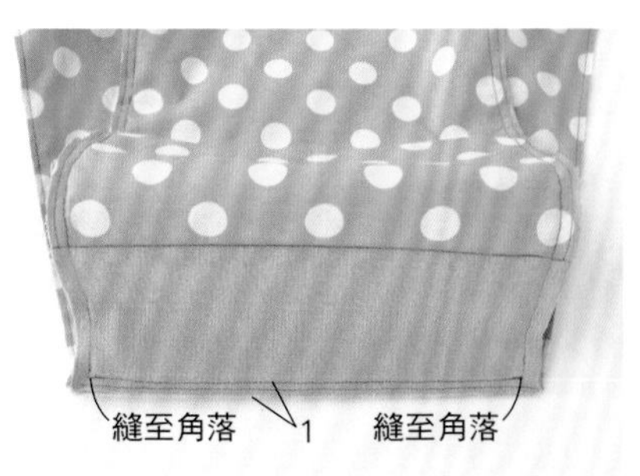
縫至角落
1
縫至角落

8 與背部面正面相對疊合車縫底部。

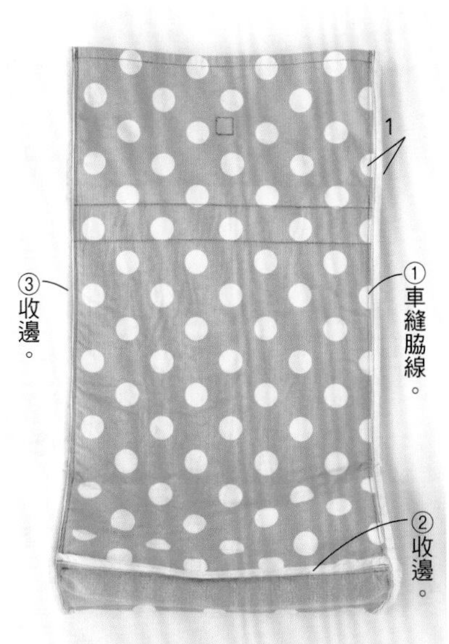
1
③收邊。
①車縫脇線。
②收邊。

9 車縫背部面與側面脇線。縫份以滾邊斜布條收邊（縫份處理請參考Lesson2 P.18・P.19，基礎縫法・B）。

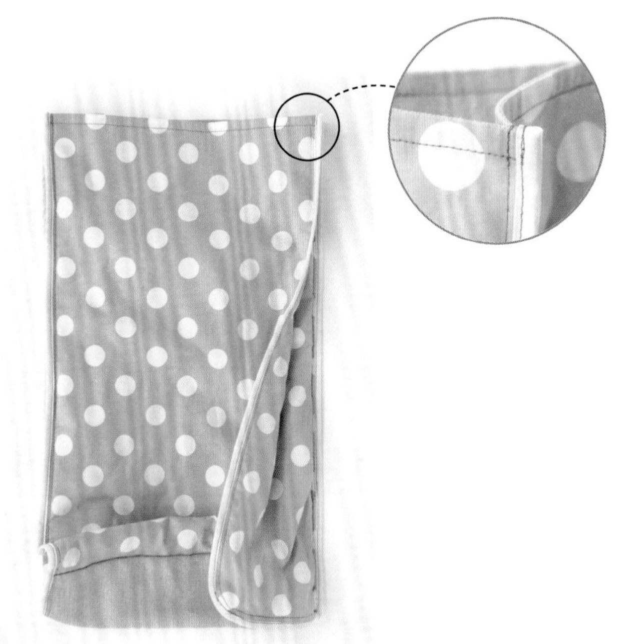

10 全部的縫份處理完成的狀態。

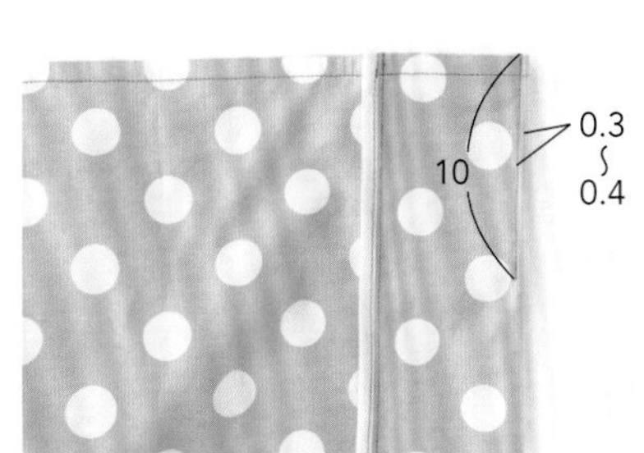
0.3
10
0.4

11 側面中央二摺後車縫。

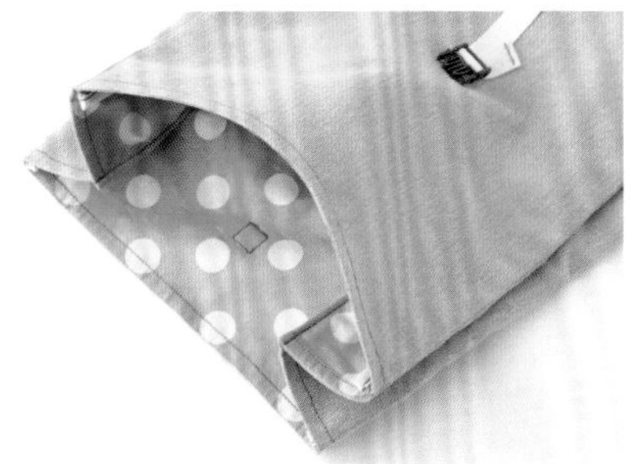

12 裝上磁釦。

完成

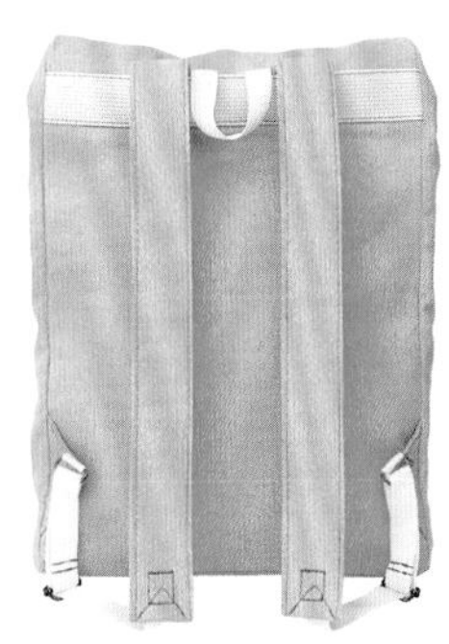

增加高度
製作捲式頂端後背包

這是開口捲收閉合的後背包變化型。紙型是在開口處平行增加10cm，使用尼龍牛津布，不接合裡布製作成單層樣式。後背包開口除了加上2cm縫份，三摺邊壓上車縫線之外，可參考掀蓋式頂端後背包的作法。

材料

○表布　115×70cm
○表布（配布）　35×15cm
○滾邊斜布條（寬1.8cm 兩摺式）　300cm
○日字環（寬3cm）　2個
○口形環（寬3cm）　2個
○插釦（寬2cm）　1組
○織帶（寬3cm）　230cm
　　　（寬2cm）　40cm

完成尺寸

與掀蓋式頂端相同

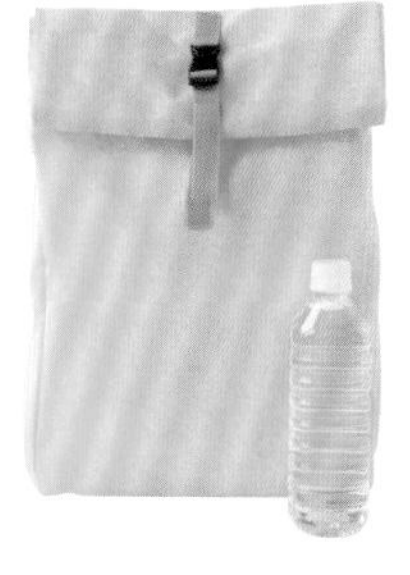

裁布圖

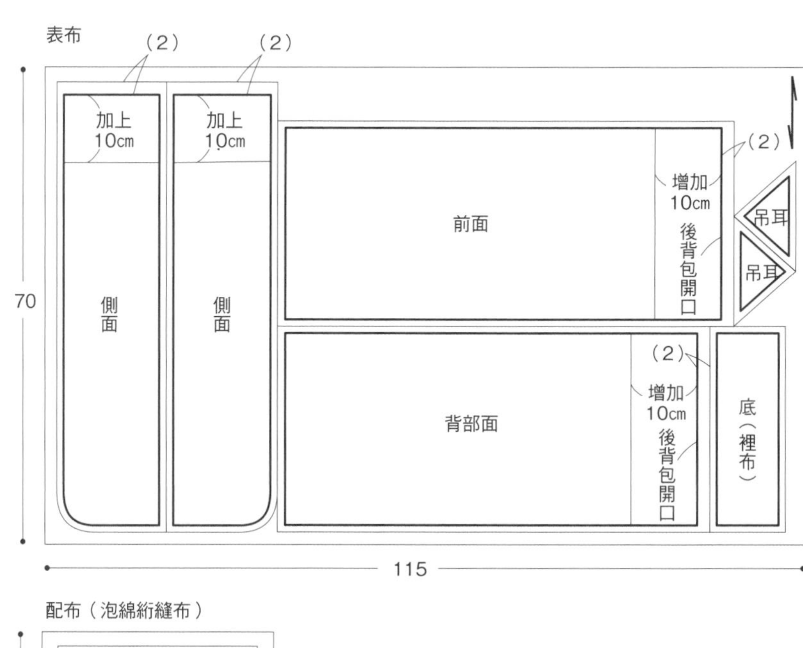
表布
(2)
(2)
加上
10cm
加上
10cm
側面
側面
前面
增加
10cm
後背包開口
(2)
吊耳
吊耳
背部面
(2)
增加
10cm
後背包開口
底（裡布）
70
115
配布（泡綿紵縫布）
底
15
35

到參考作法之前……

P.75的支架口金後背包，希望表布不配色進行製作時

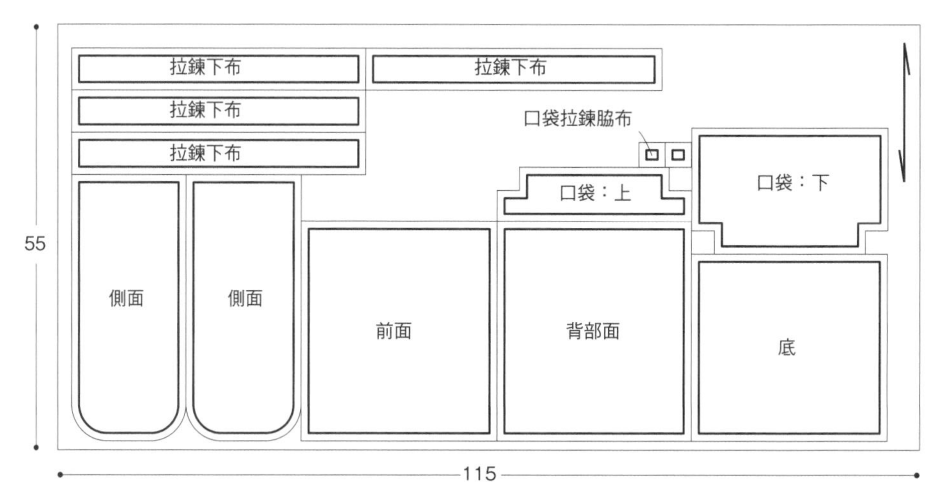
拉鍊下布
拉鍊下布
拉鍊下布
拉鍊下布
口袋拉鍊脇布
口袋：上
口袋：下
側面
側面
前面
背部面
底
55
115

材料

○表布　115×55cm

方形後背包

原寸紙型A面

口袋口與後背包開口兩邊皆露出拉鍊，
且拉鍊接合僅有直線。
前面與背部面使用尼龍牛津布的泡綿絎縫布，
保護內容物。

左／肩帶也使用了泡綿絎縫布，背部與肩部都作出減壓效果。
右／側身、側面、側口袋，則使用了與裡布相同的聚酯纖維材質。

作法

＊布料與縫線使用不同顏色，以易於辨識。

材　料

○表布（聚酯纖維）　145×55cm
○表布（泡綿絎縫布）　85×50cm
○拉鍊（50cm）　1條、（20cm）　1條
○滾邊斜布條（寬1.8cm 兩摺式）　450cm
○梯形環（寬2.5cm）　2個
○織帶（寬2.5cm）　100cm

完成尺寸

500ml的
寶特瓶

高　38cm
寬　25cm
側身　12.5cm
肩帶長　43～87cm

裁布圖

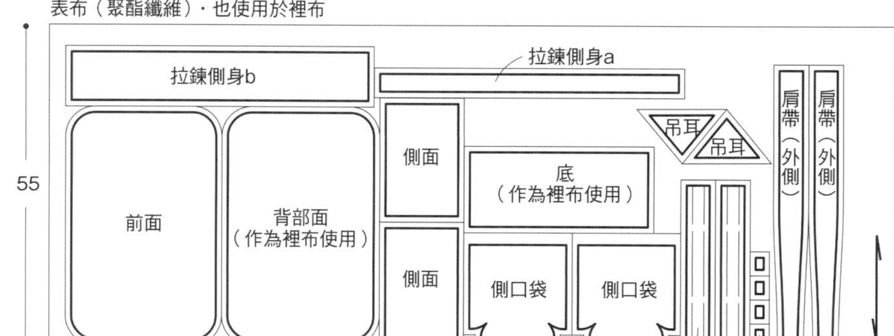

表布（聚酯纖維）・也使用於裡布
拉鍊側身b
拉鍊側身a
55
前面
背部面
（作為裡布使用）
側面
側面
底
（作為裡布使用）
吊耳
吊耳
側口袋
側口袋
肩帶（外側）
肩帶（外側）
提把
拉鍊脇布
145（聚酯纖維布寬）

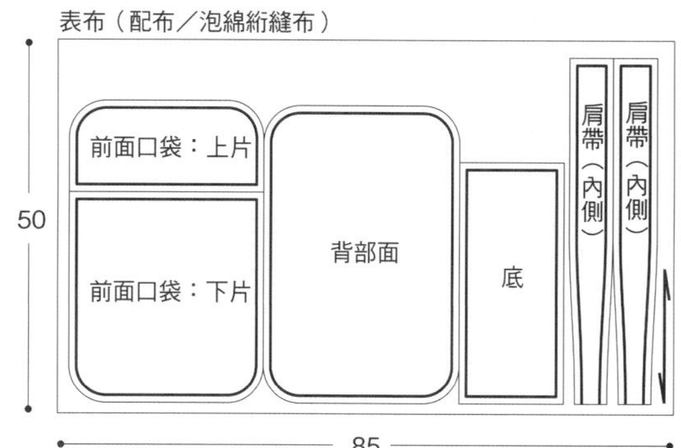

表布（配布／泡綿絎縫布）
50
前面口袋：上片
前面口袋：下片
背部面
底
肩帶（內側）
肩帶（內側）
85

作法重點

藉由將縫份以滾邊斜布條處理，可保持形狀。前面口袋拉鍊也是骨架的一部分。無論是布料、副料或是收邊都有效運用。

1 車縫口袋

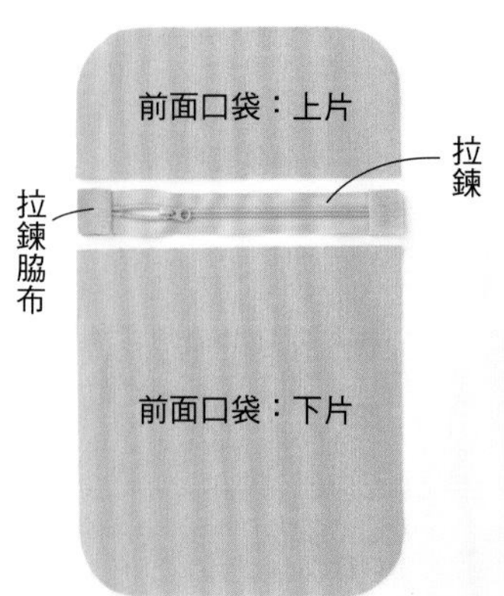

前面口袋：上片
拉鍊
拉鍊脇布
前面口袋：下片

1 將脇布接縫於拉鍊（脇布接合方式參照Lesson5 P.57）。

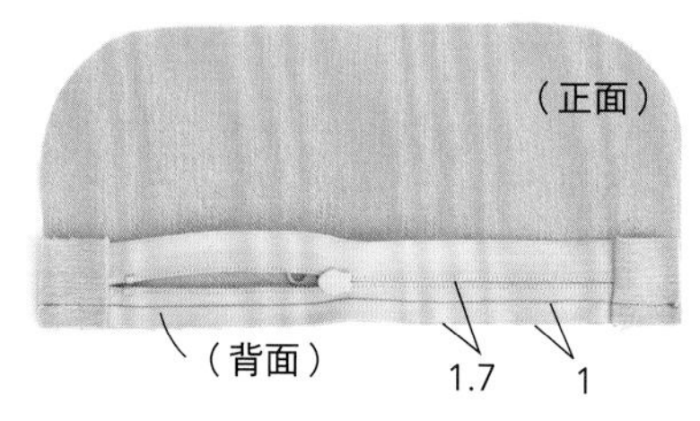

（正面）
（背面）
1.7
1

2 將前面口袋：上片與拉鍊縫合。

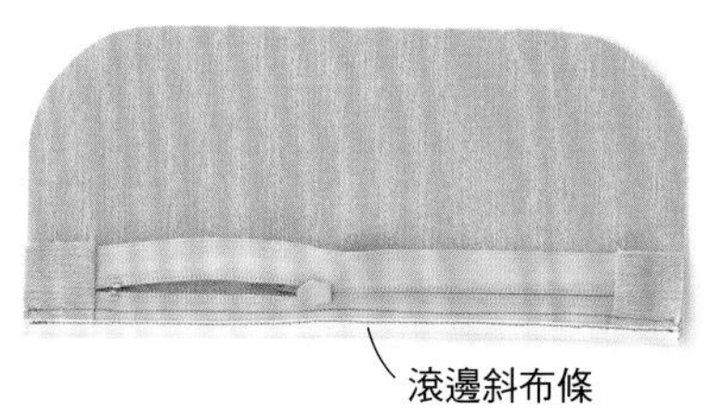

滾邊斜布條

3 縫份以滾邊斜布條收邊（縫份處理參照Lesson2 P.18的基本縫法）。

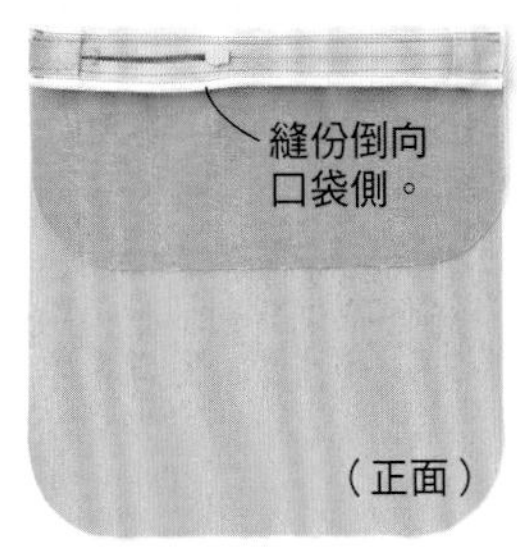
縫份倒向
口袋側。
（正面）

4 將前面口袋：下片與拉鍊縫合，縫份以滾邊斜布條收邊。

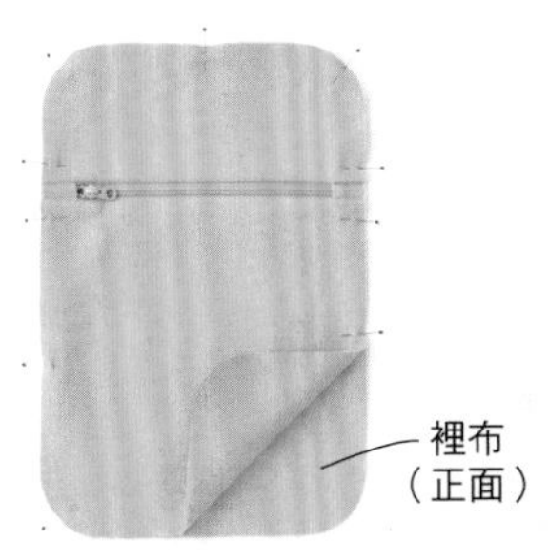
裡布
（正面）

5 將前面口袋：下片與拉鍊縫合，縫份以滾邊斜布條收邊。

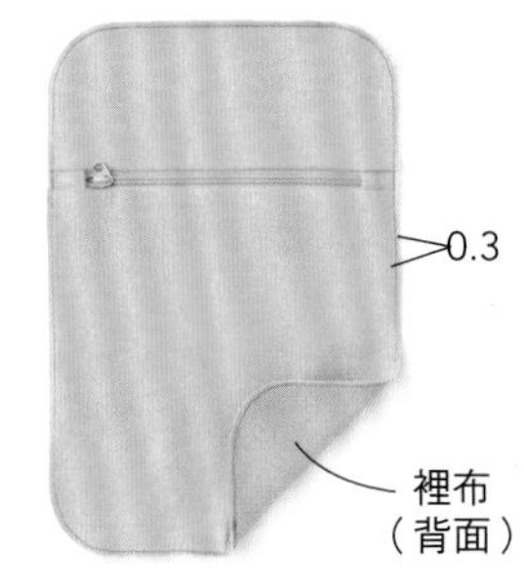
0.3
裡布
（背面）

6 車縫固定四周。

2 車縫後背包開口

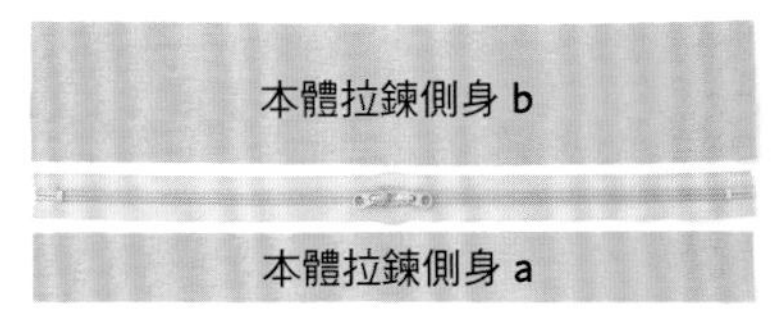
本體拉鍊側身 b
本體拉鍊側身 a

1 在本體拉鍊側身接合於拉鍊。

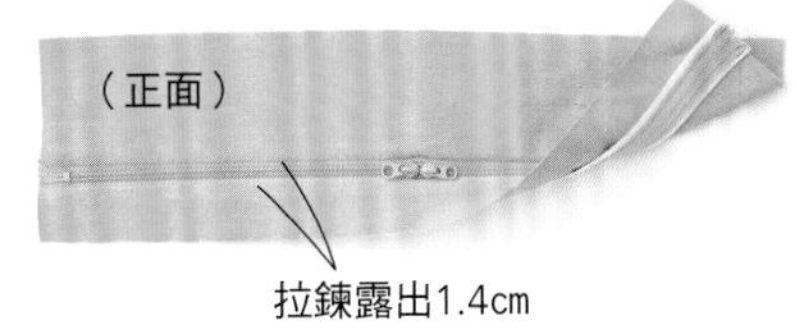
（正面）
拉鍊露出1.4cm

2 車縫側身與拉鍊，縫份以滾邊斜布條處理（參照Lesson3 P.30）。

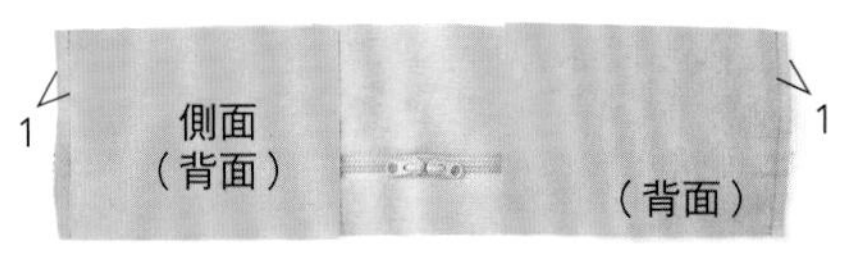
1
側面
（背面）
（背面）
1

3 將側面車縫於兩脇。

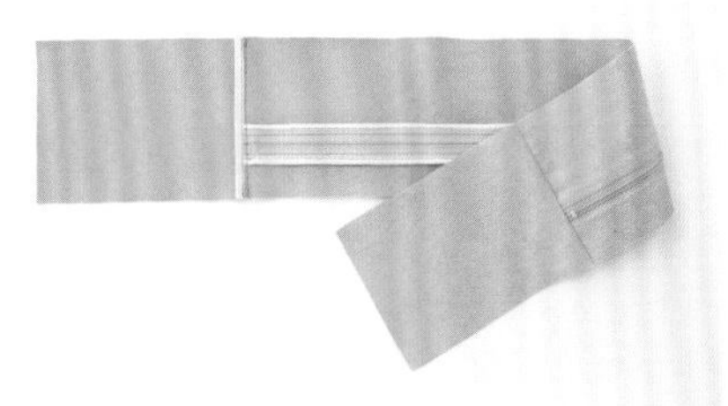

4 縫份以滾邊斜布條收邊，倒向側面側。

3 車縫側口袋

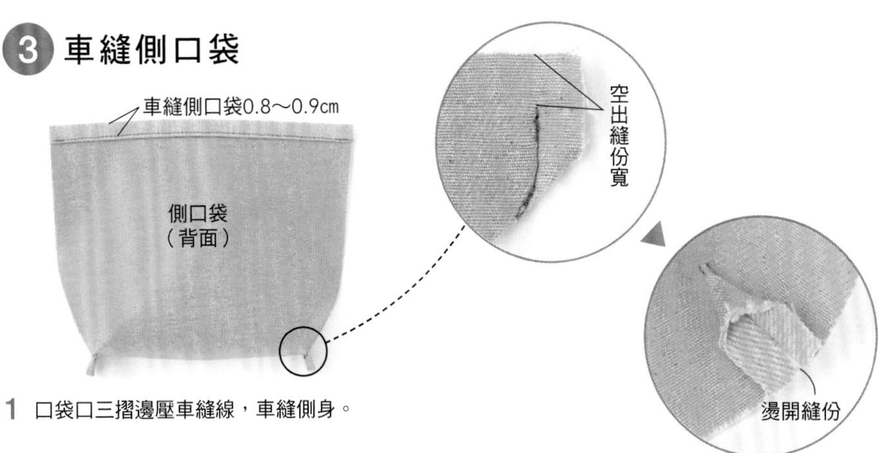
車縫側口袋0.8～0.9cm
側口袋
（背面）
空出縫份寬
燙開縫份

1 口袋口三摺邊壓車縫線，車縫側身。

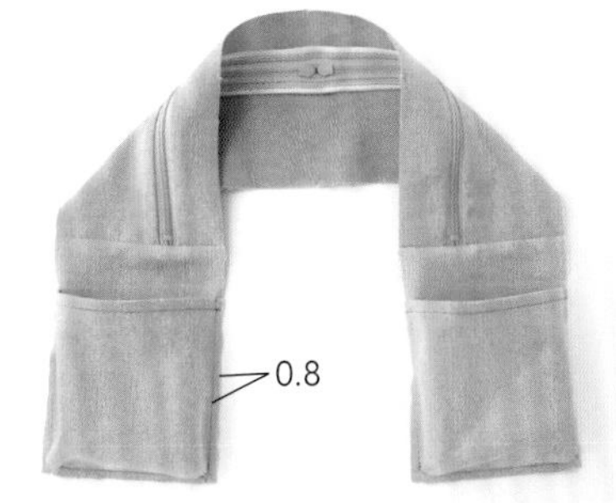
0.8

2 暫時車縫固定於側面。

4 車縫底部

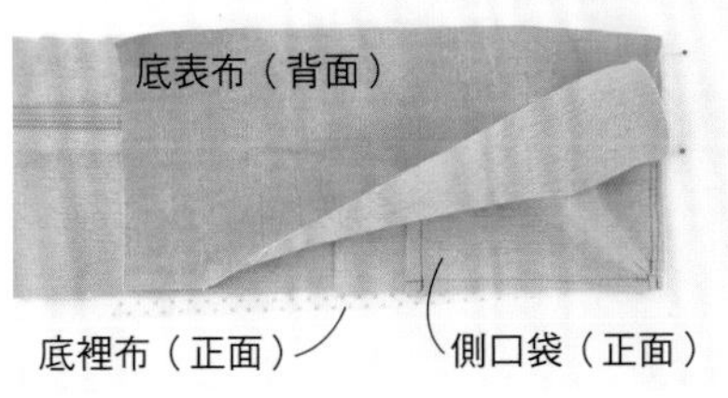
底表布（背面）
底裡布（正面）
側口袋（正面）

1 以底表布與裡布夾住側口袋進行車縫。

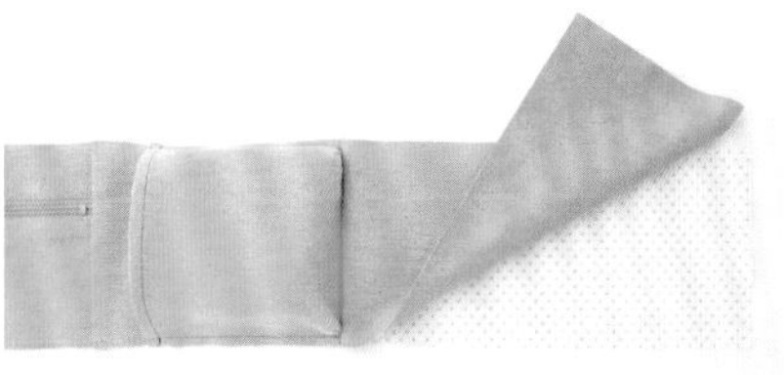

2 翻至正面，另一側也以相同方式車縫。

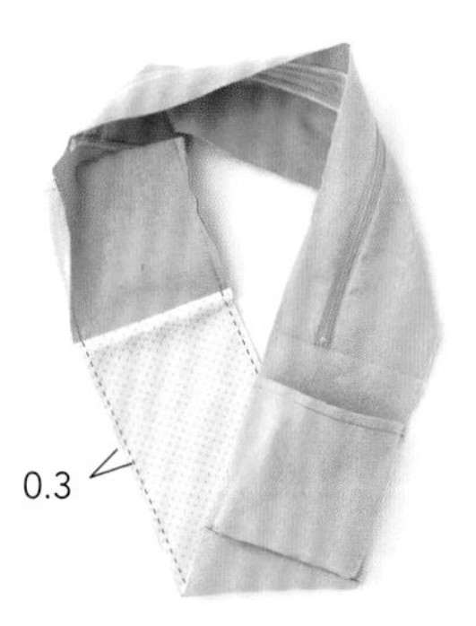
0.3

3 對齊底布的表布與裡布，車縫固定邊端。

5 車縫吊耳

50cm
摺疊1cm
吊耳（背面）
（正面）
0.3cm

將背帶夾入吊耳車縫。以車縫線牢牢固定。

6 車縫提把

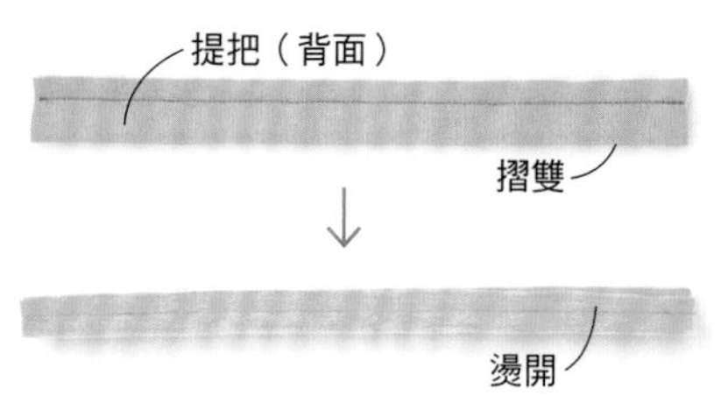
提把（背面）
摺雙
燙開

1 提把正面相對疊合車縫。燙開縫份。（亦可以手指按壓）。

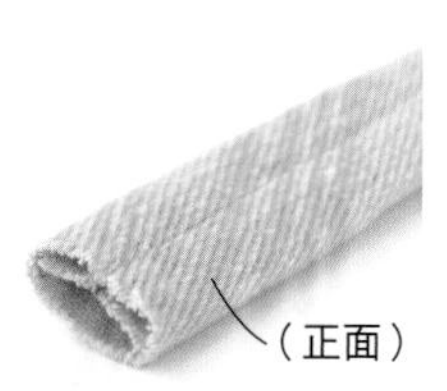
（正面）

2 翻至正面。讓縫線位於中央。

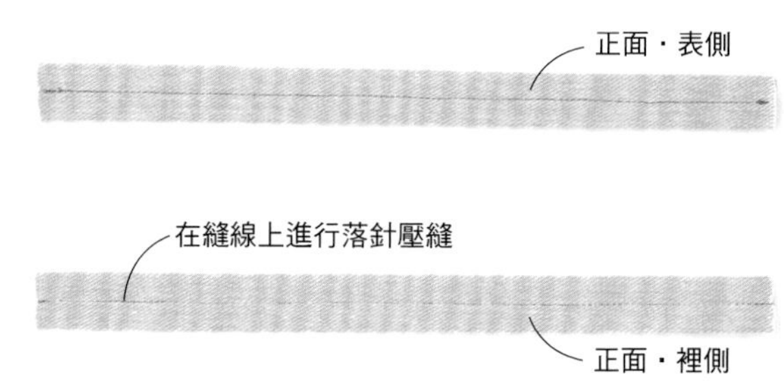
正面・表側
在縫線上進行落針壓縫
正面・裡側

3 在中央壓車縫線。製作2條。

7 車縫肩帶

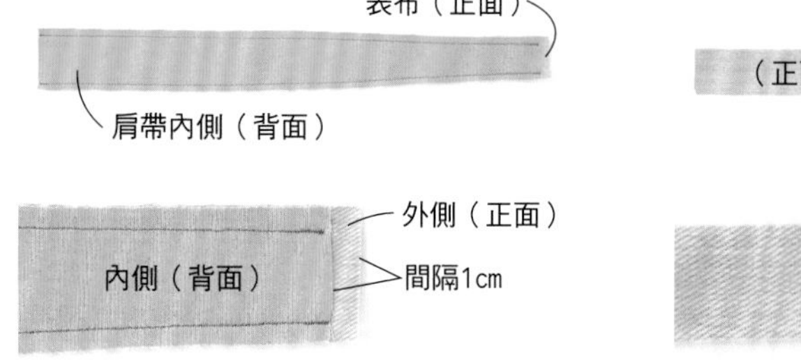
表布（正面）
肩帶內側（背面）
外側（正面）
內側（背面）
間隔1cm

1 肩帶正面相對疊合車縫。

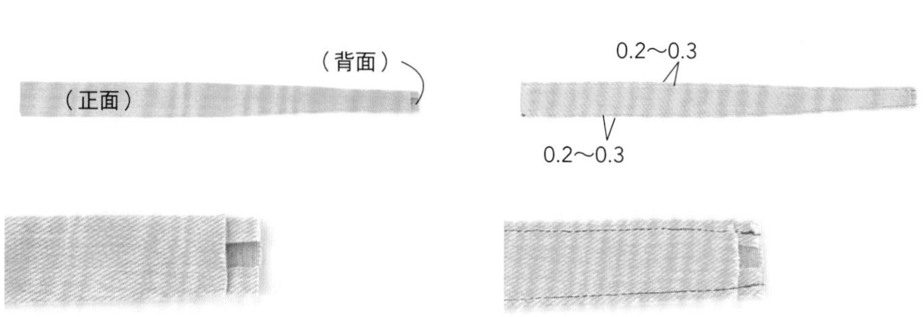
（背面）
（正面）
0.2～0.3
0.2～0.3

2 翻至正面。

3 兩端壓車縫線。製作2條。

4 穿過梯形環，摺疊末端1cm車縫固定。

8 車縫背部面

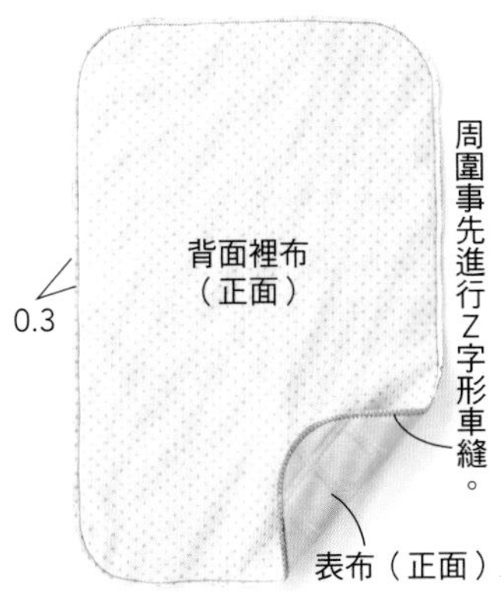
背面裡布
（正面）
0.3
周圍事先進行Z字形車縫。
表布（正面）

1 將表布與裡布背面相對疊合，車縫固定四周。

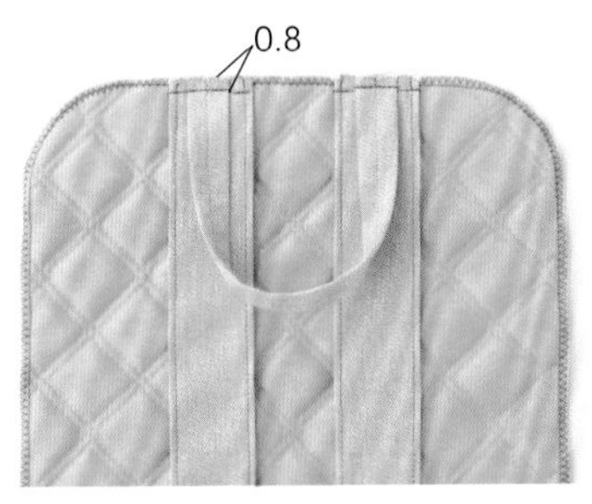
0.8

2 在上側暫時車縫固定肩帶與提把。

剪去多餘的部分

3 吊耳暫時車縫固定於兩脇，將背帶穿過梯形環後車縫末端（參照P.73圓弧形後背包❽-6）。

9 縫合

0.8

1 將提把暫時車縫固定於前面上側。

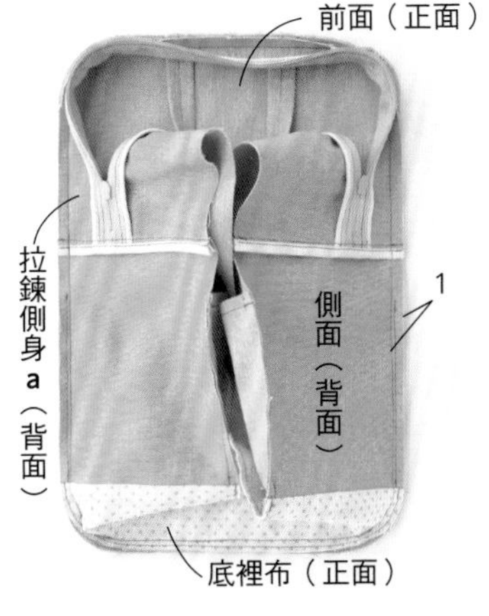
前面（正面）
拉鍊側身a（背面）
側面（背面）
1
底裡布（正面）

2 將側身部分正面相對疊合車縫。

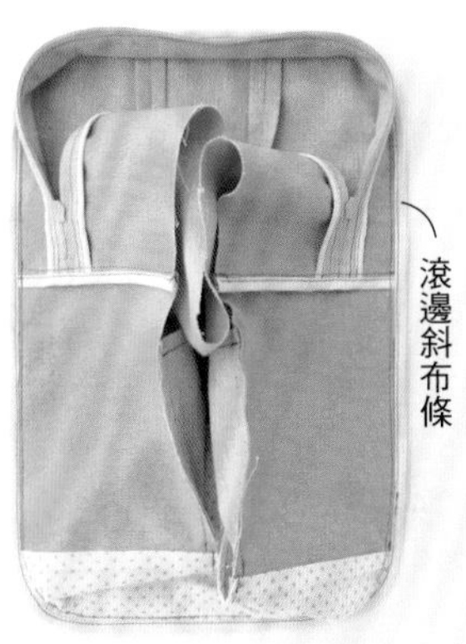
滾邊斜布條

3 縫份以滾邊斜布條處理（參照Lesson2 P.19，C）。

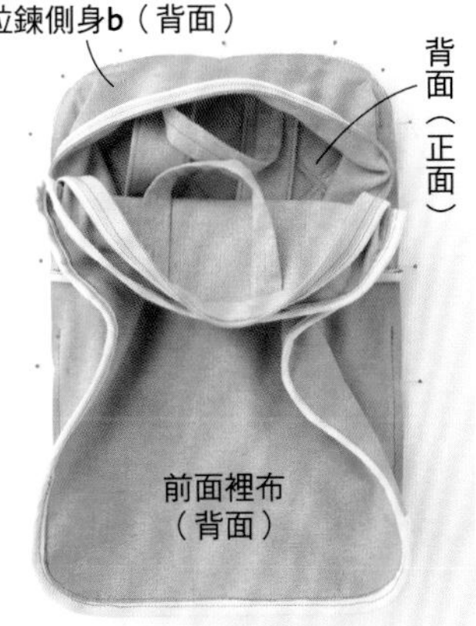
拉鍊側身b（背面）
背面（正面）
前面裡布
（背面）

4 以相同方式將背部面正面相對疊合車縫。拉鍊要事先打開。

5 以滾邊斜布條處理縫份，並翻到正面。

完成

Rucksack

Lesson 5

口袋

後背包的口袋相當實用。
為了要裝入某樣物品，需要在何處作出多大的尺寸，
請在設計時思考實際攜帶出門的物品。

附有拉鍊
側身貼式口袋
插袋
有拉鍊插袋
側口袋

▶貼式口袋的記號製作

在正面作記號時，要畫在口袋能擋住的位置。

1 將紙型的口袋位置挖空。

約0.3cm

2 重疊於布料正面作記號。

2 車縫時，將口袋對齊於此記號的外側。

▶接合拉鍊

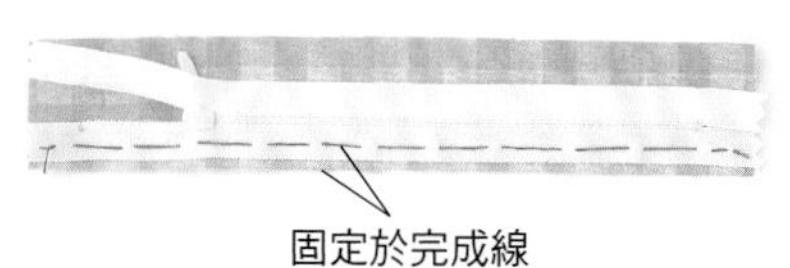

固定於完成線
靠縫份側0.2cm處。

經常會有需在口袋口接縫拉鍊的情形。
僅以珠針固定，
還是有可能會發生珠針與珠針之間錯位的情況。
若覺得不放心，
請先疏縫之後再車縫。

▶拉鍊脇布

隱藏拉鍊布帶末端，為補強口袋口而接縫上小布片。

◉ 線圈拉鍊

車縫之後再以剪刀剪斷。將2片脇布正面相對疊合，夾住拉鍊車縫。

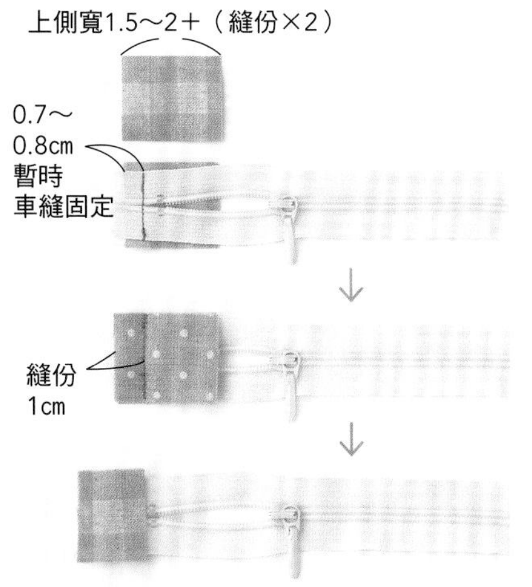
上側寬1.5～2＋（縫份×2）
0.7～
0.8cm
暫時
車縫固定
縫份
1cm

1 從上止側接縫脇布。

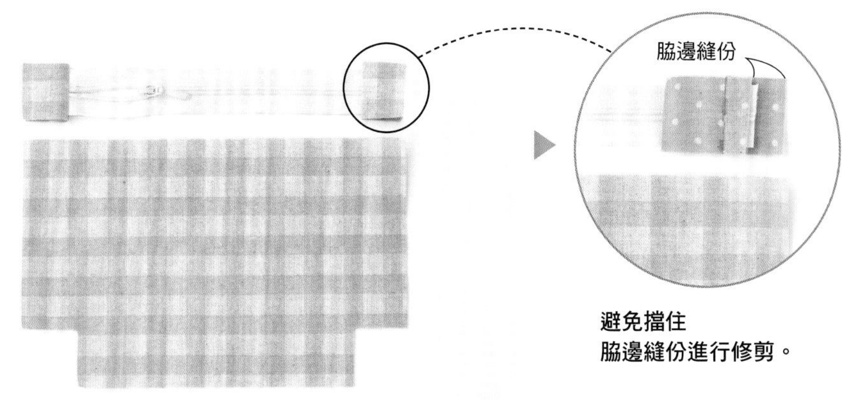
脇邊縫份

避免擋住
脇邊縫份進行修剪。

2 依照縫合尺寸，也接縫上另一頭脇布。使用較長的拉鍊時請修剪。

插式口袋，隱藏式拉鍊開口的作法

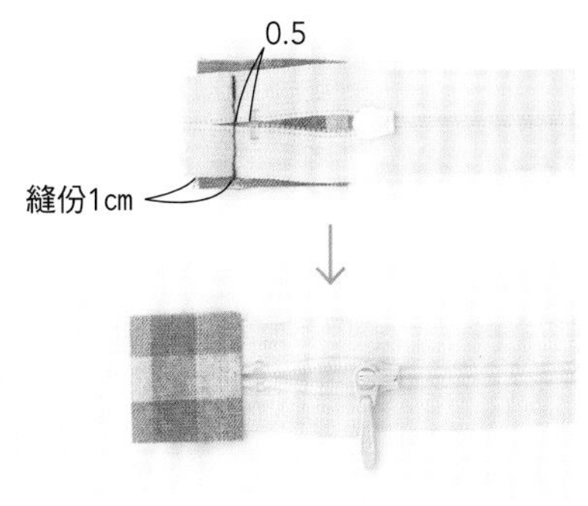
0.5
縫份1cm

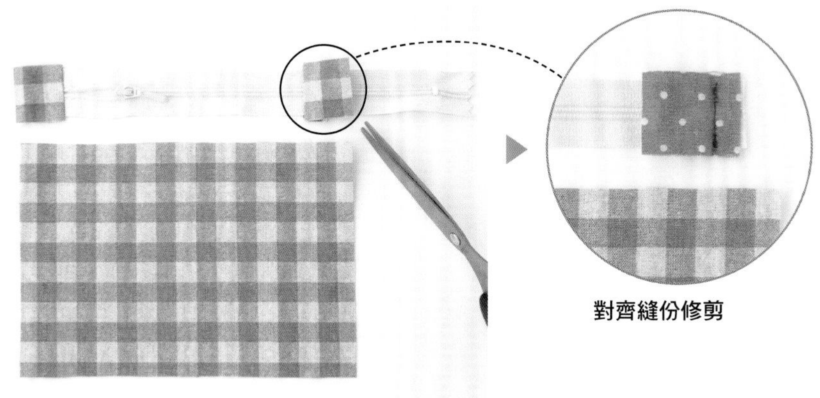

對齊縫份修剪

◉ VISLON®、金屬拉鍊

由於無法車縫之後再以剪刀剪斷，請使用所需長度之拉鍊。脇布接縫方式與線圈拉鍊相同。下止側車縫方式與上止側相同。

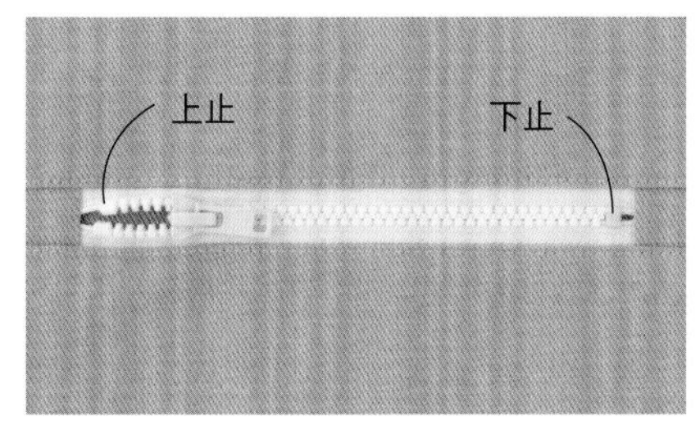
上止
下止

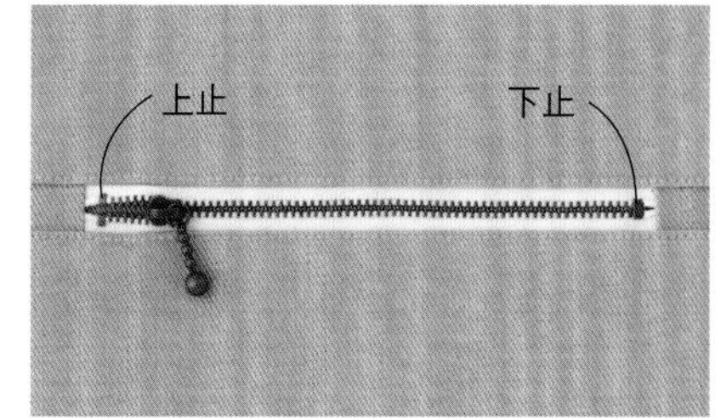
上止
下止

前面 在口袋邊緣接縫拉鍊，附有側身貼式口袋

在一側縫合側身，另一側則車縫於口袋邊緣。
曲線處則依照合印車縫疏縫線。

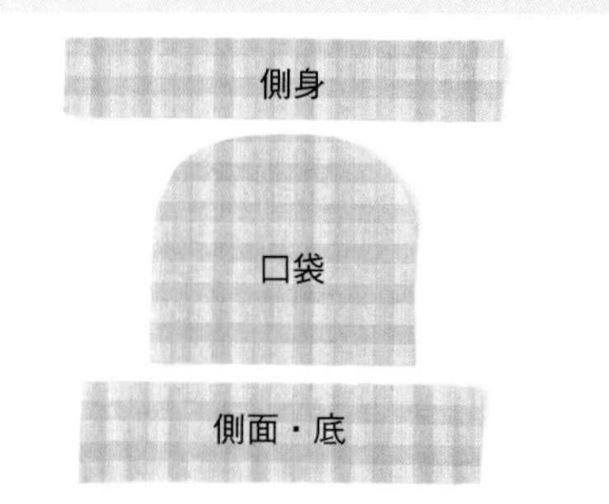
側身
口袋
側面・底

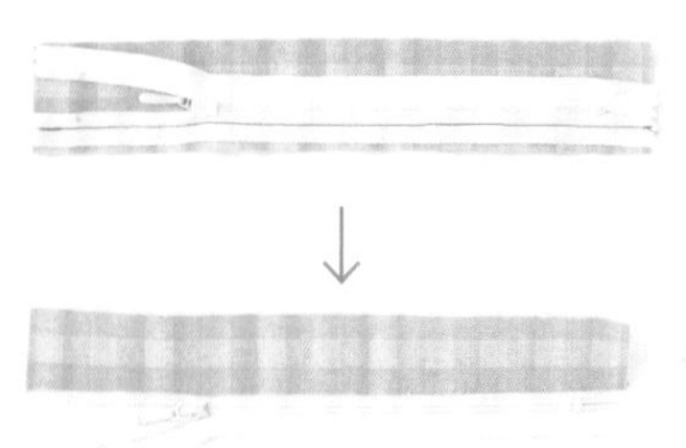

1 車縫側身與拉鍊。

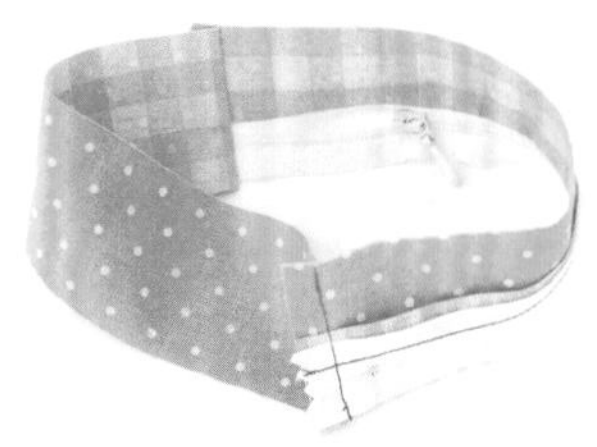

2 與側面・底布縫合。

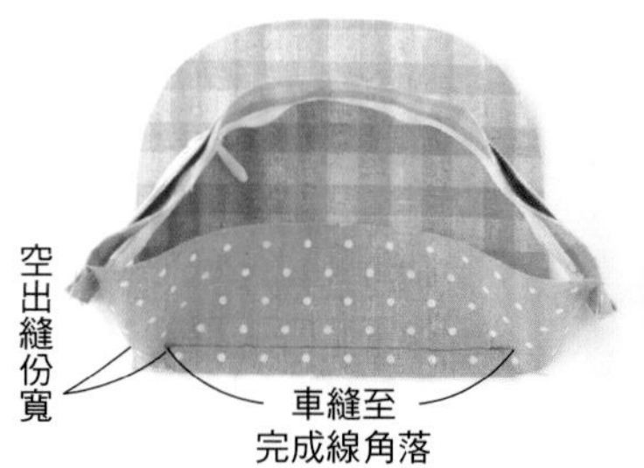
空出縫份寬
車縫至
完成線角落

3 車縫口袋底邊與側身底部位置。

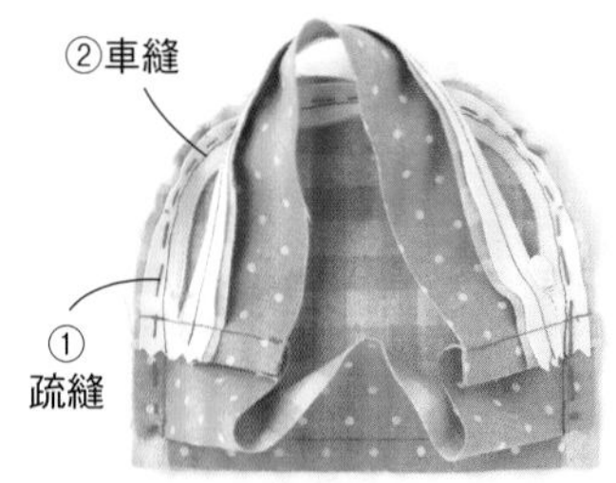
②車縫
①
疏縫

4 車縫側面與拉鍊

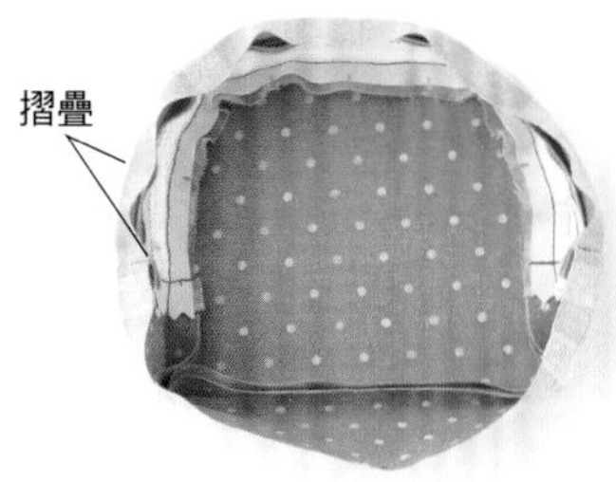
摺疊

5 翻至正面，摺疊縫份。

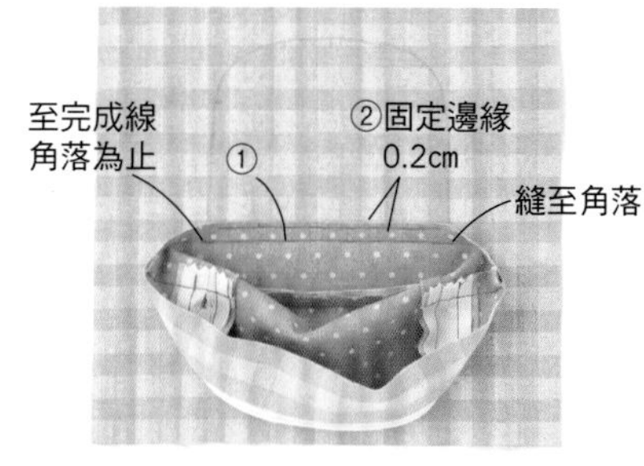
至完成線
角落為止
①
②固定邊緣
0.2cm
縫至角落

6 對齊後背包本體的口袋位置，從底部開始車縫。

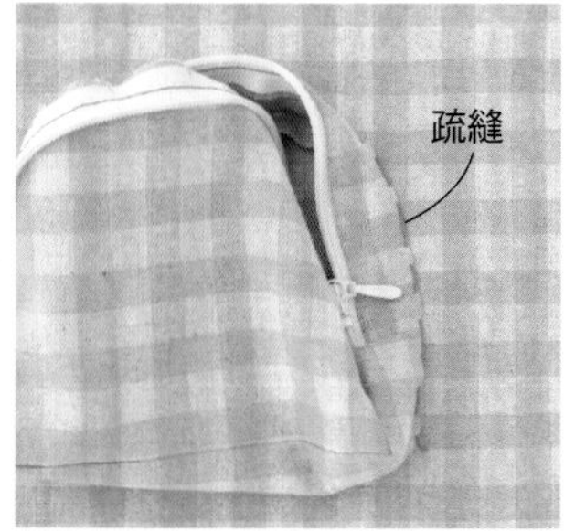
疏縫

7 掀起口袋，對齊並覆蓋合印進行疏縫。

車縫線
0.2cm

8 以車縫線縫合。打開拉鍊的狀態較易於車縫。

完成

前面 側身接合拉鍊的貼式口袋

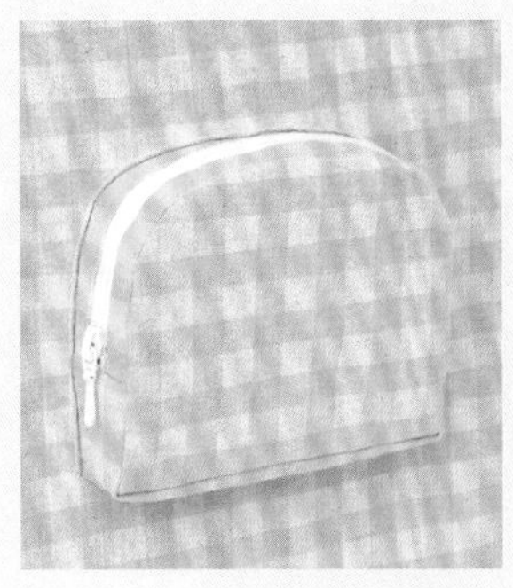

由於在側身中間接合拉鍊，故需要略寬的側身寬度。

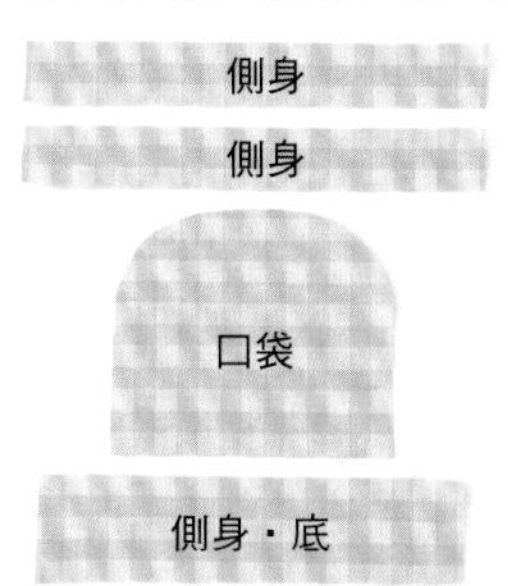
側身
側身
口袋
側身・底

1 將接合了拉鍊的側身與側面・底布縫合。

2 車縫口袋，翻至正面車縫於本體。

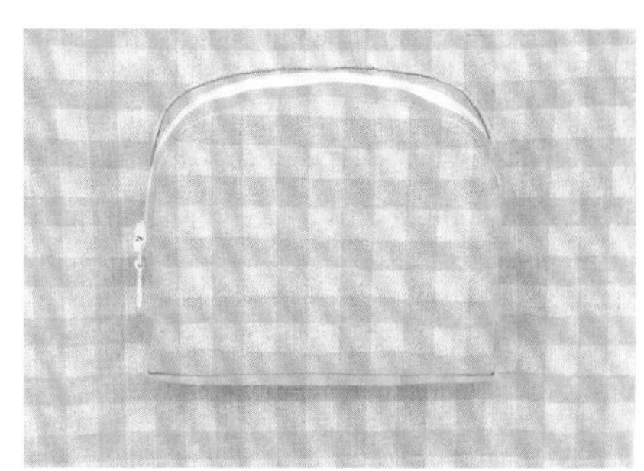

完成

前面 側身接合隱藏式拉鍊的貼式口袋

需要能接合隱藏式拉鍊的側身寬度。

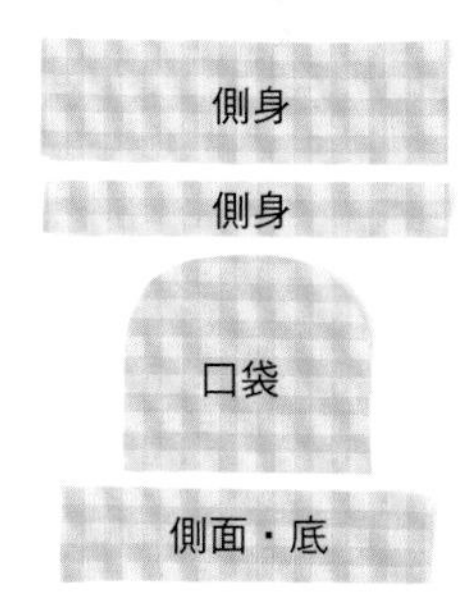
側身
側身
口袋
側面・底

1 將接合了拉鍊的側身與側面・底縫合。

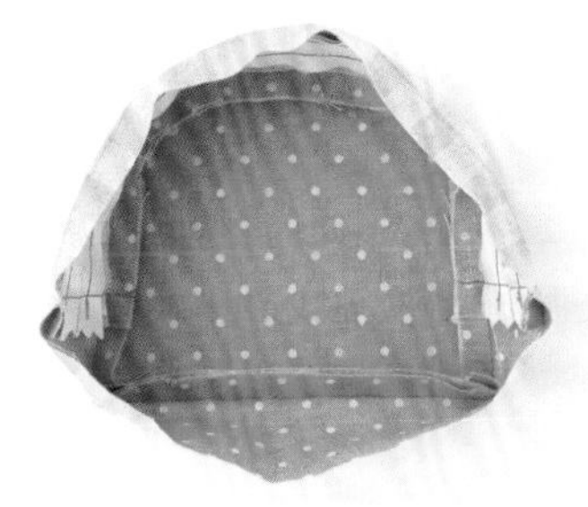

2 車縫口袋，翻至正面車縫於本體。

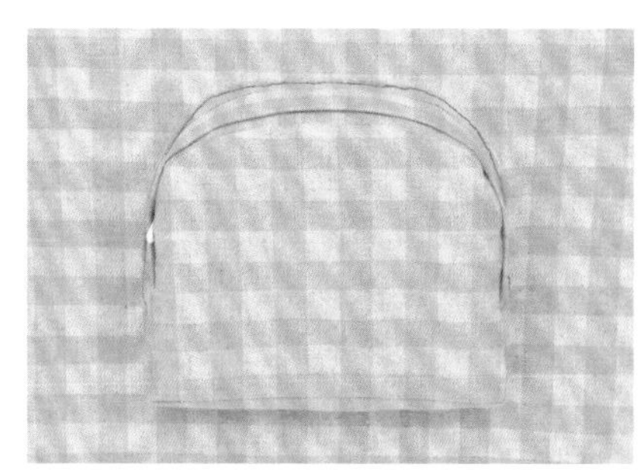

完成

前面 拉鍊開口，有側身的方形貼式口袋

雖然立體形狀看似困難，
但拉鍊接合的部分僅有直線。
是有容量的口袋。

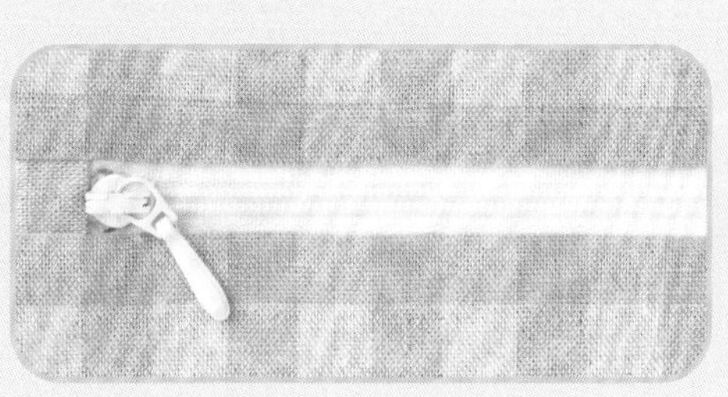

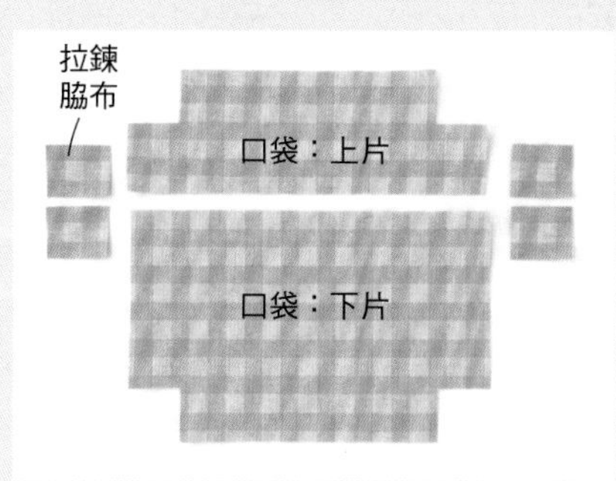
拉鍊
脇布
口袋：上片
口袋：下片

1 在拉鍊接合脇布。

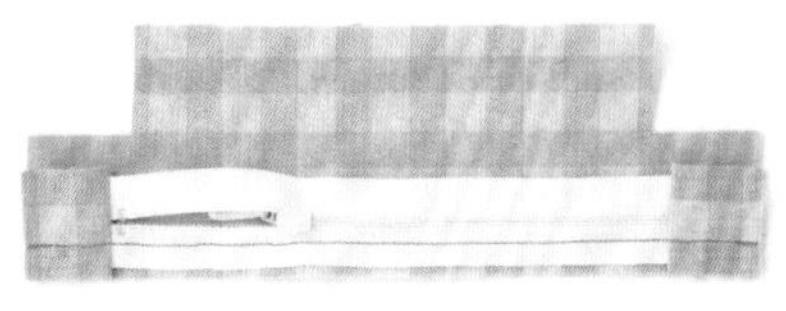

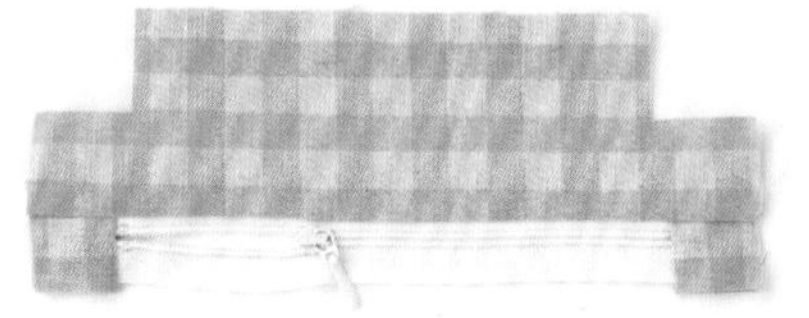

2 與口袋：上片車縫。縫份倒向口袋側。

3 與口袋：下片車縫。

4 縫份摺疊至完成線上。

5 車縫側身。

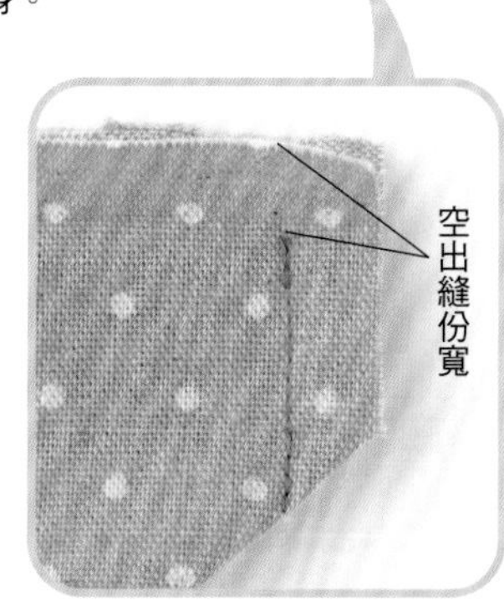
空出縫份寬

6 翻至正面。

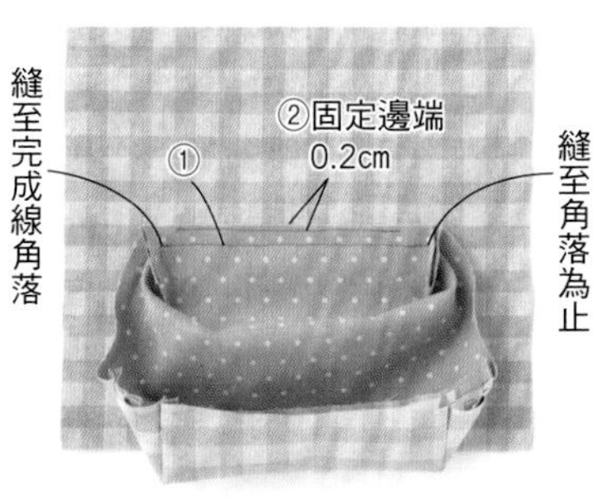
縫至完成線角落
①
②固定邊端
0.2cm
縫至角落為止

7 對齊後背包本體的口袋位置，車縫底邊。

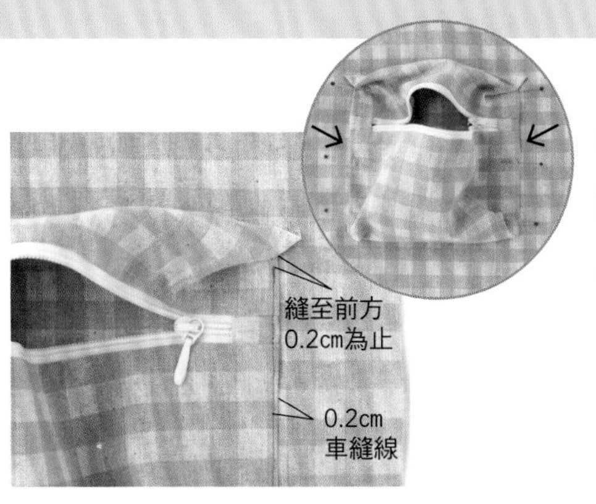
縫至前方
0.2cm為止
0.2cm
車縫線

8 掀起口袋，兩脇以車縫線縫合固定。

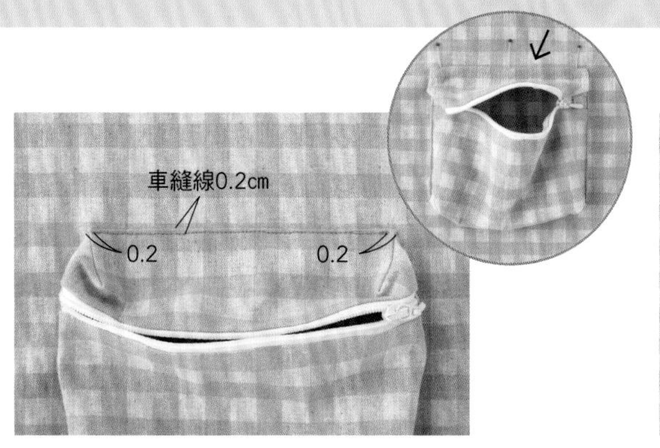
車縫線0.2cm
0.2
0.2

9 最後接縫上部。

完成

前面 隱藏式拉鍊開口，有側身方形貼式口袋

因為是像掀蓋般覆蓋拉鍊，
因此使用撥水・防水加工布料製作更有效果。

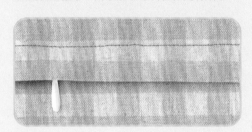

拉鍊
脇布

口袋：上片

口袋：下片

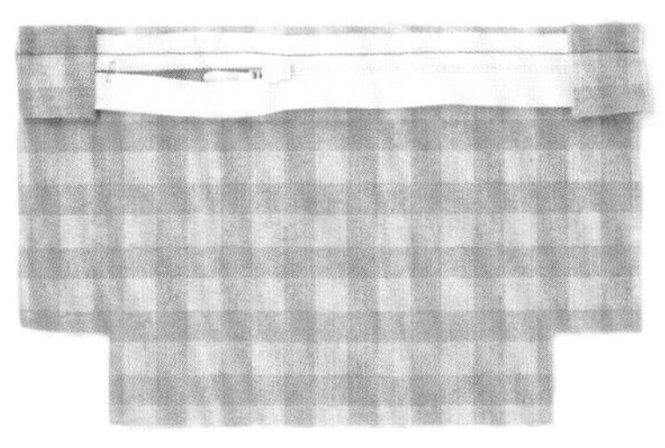

1 於拉鍊接縫脇布，並與口袋：下片縫合。

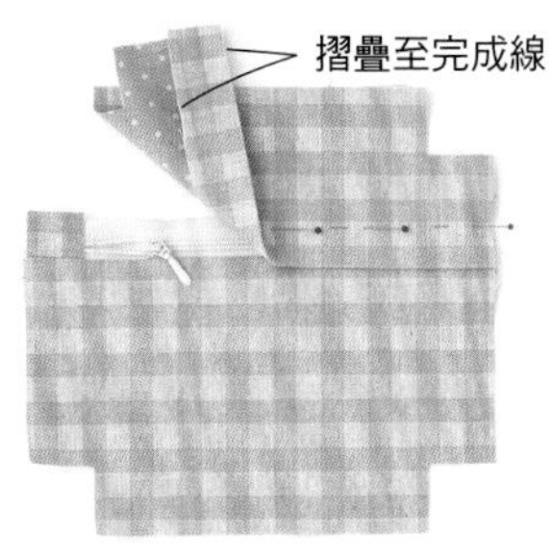
摺疊至完成線

2 與口袋：上片對齊重疊。

3 以車縫線縫合固定。

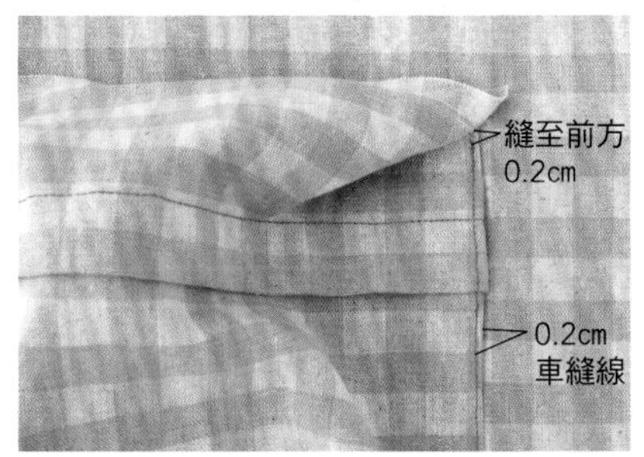
縫至前方
0.2cm
0.2cm
車縫線
車縫線0.2cm
0.2
0.2

4 對齊後背包本體的口袋位置，依照底邊→兩脇→上方的順序縫合。

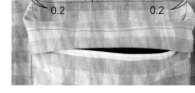

完成

前面 內側 有拉鍊插袋

車入
車入

將口袋四周縫份車入相鄰的裁片，簡潔的樣式。
口袋內側沒有內袋部分的縫份。

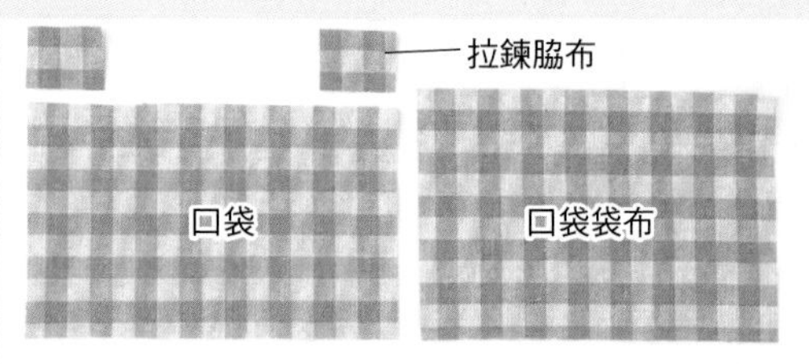
拉鍊脇布
口袋
口袋袋布

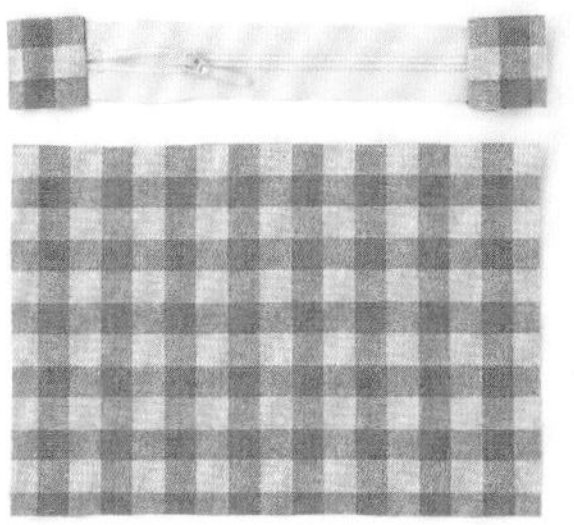

1 在拉鍊接縫脇布。

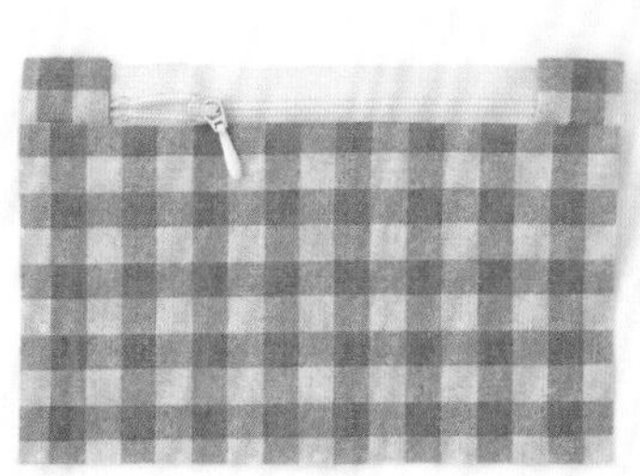

2 車縫口袋與拉鍊。縫份倒向拉鍊側。

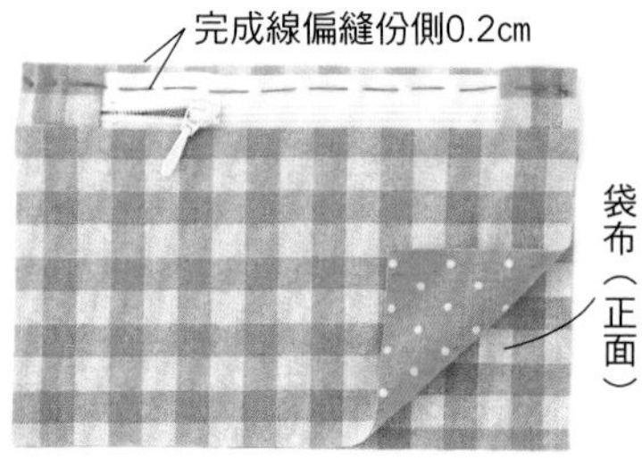
完成線偏縫份側0.2cm
袋布（正面）

3 重疊於袋布上，車縫疏縫線。

4 與口袋上方裁片正面相對疊合車縫。

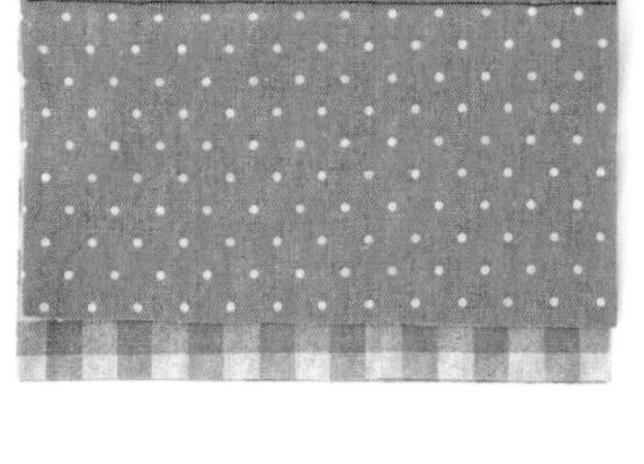

5 縫份倒向上側。

6 與口袋下方的裁片正面相對疊合車縫。

7 與兩脇裁片縫合。

完成

前面 有拉鍊、側身的方形口袋

縫入
縫入

外觀是貼式口袋，作法卻是縫入縫份的方式。
以接合口袋的裁片寬度決定口袋尺寸。

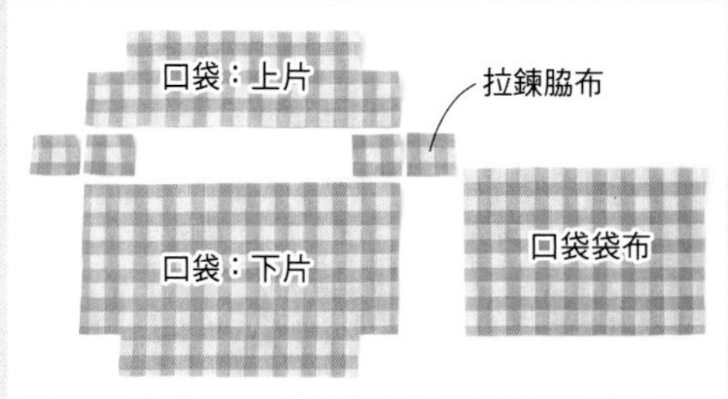
口袋：上片
拉鍊脇布
口袋：下片
口袋袋布

1 於拉鍊接合脇布。

2 與口袋：上片縫合。縫份倒向口袋側。

3 與口袋：下片縫合。

4 車縫側身。

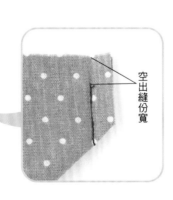

空出縫份寬

完成線偏縫份側0.2cm
袋布（正面）

5 翻至正面，對齊袋布暫時車縫固定。

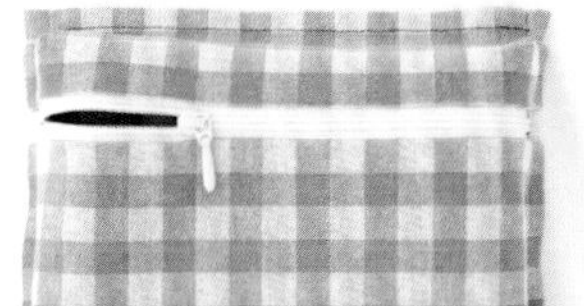

6 暫時車縫固定四邊的樣子。

7 縫合上下裁片。

8 與兩脇裁片縫合。

完成

前面 有掀蓋插袋

縫入
縫入

以掀蓋遮蓋代替用拉鍊閉合的口袋。
亦可裝上磁釦。

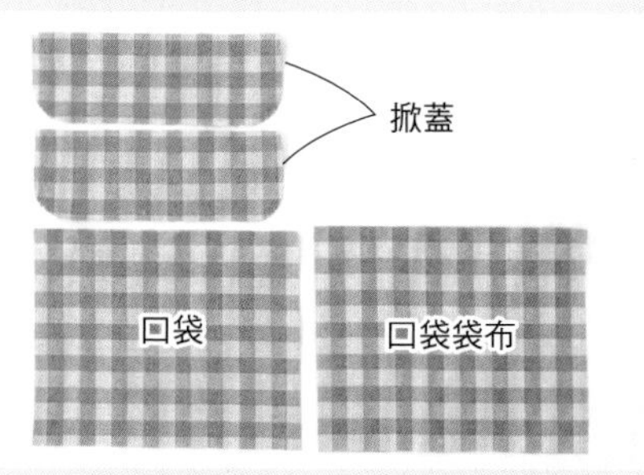
掀蓋
口袋
口袋袋布

1 將2片掀蓋正面相對疊合車縫。

2 翻至正面，壓車縫線。

口袋口
袋布（正面）

3 口袋口收邊，重疊於袋布固定。

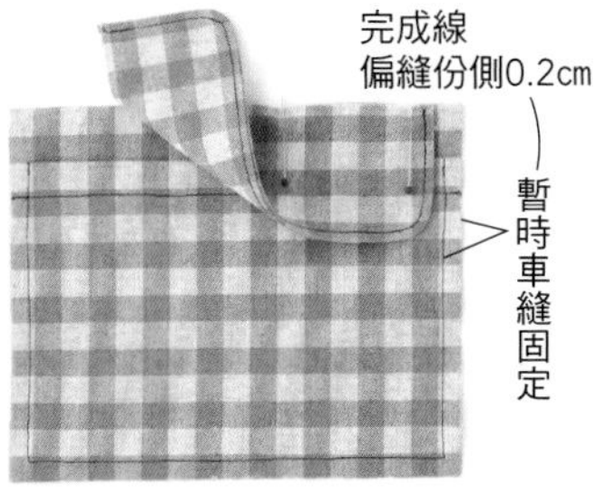
完成線
偏縫份側0.2cm
暫時車縫固定

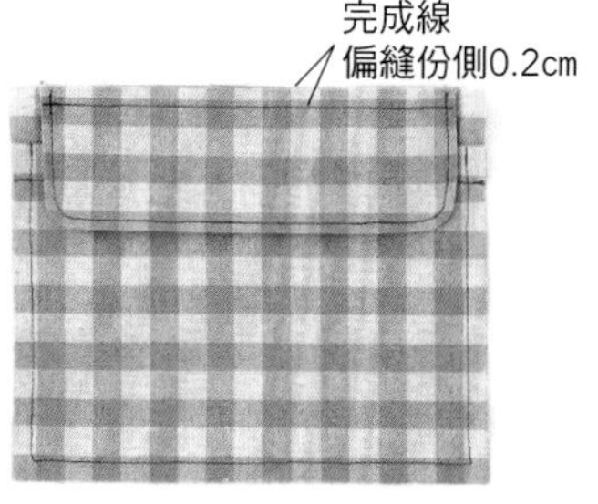
完成線
偏縫份側0.2cm

4 將掀蓋對齊，暫時車縫固定。

5 與口袋上方裁片正面相對疊合縫合。

6 縫份倒向上側。

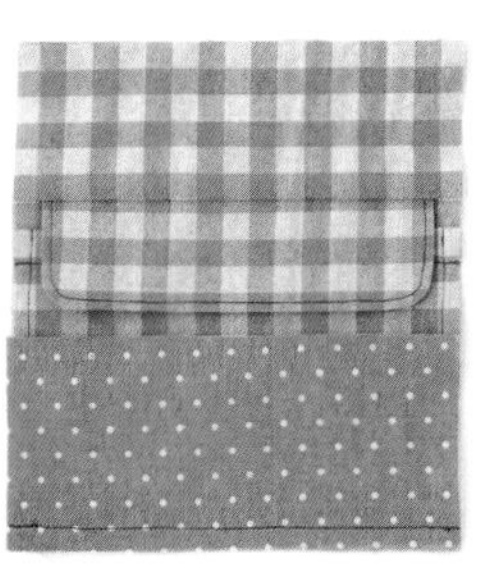

7 與口袋下方裁片正面相對疊合縫合。

完成

8 與兩脇裁片縫合。

側面 口袋口保留鬆份的側口袋

作出側身寬的口袋。
依照想放入的物品鬆份也會不同。
在口袋口穿入鬆緊帶，就能預防內容物掉落。

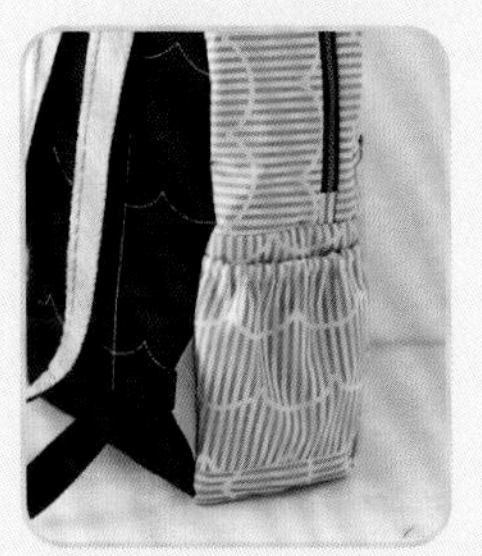

亦可在開口穿入鬆緊帶。

1 口袋口收邊。

完成

2 對齊側面暫時車縫固定，並與其他裁片縫合。

側面 有側身側口袋

想要放入寶特瓶時，
就加入側身讓整體保有鬆份。
深度則以方便使用決定為佳。

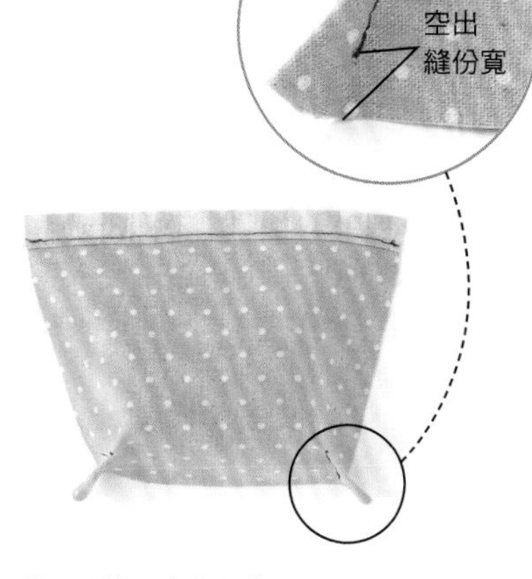
空出
縫份寬

1 口袋口收邊，車縫側身。

完成

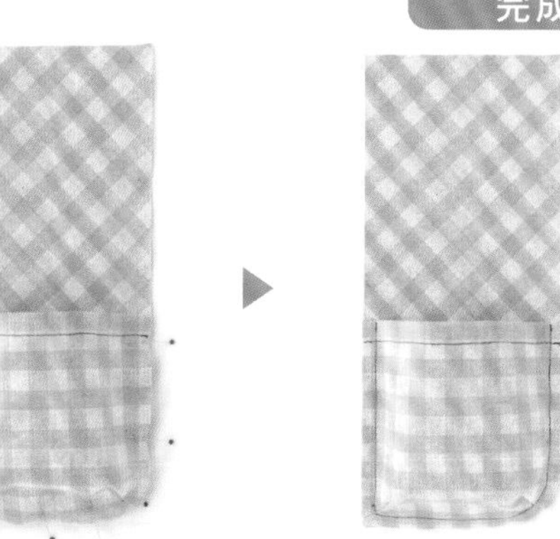

2 對齊側面暫時車縫固定，與其他裁片縫合。

內側 貼式口袋

可依照想要的大小隨心所欲製作。兩層的口袋口以車縫線固定。
口袋內側沒有縫份，是雙層的堅固內口袋。

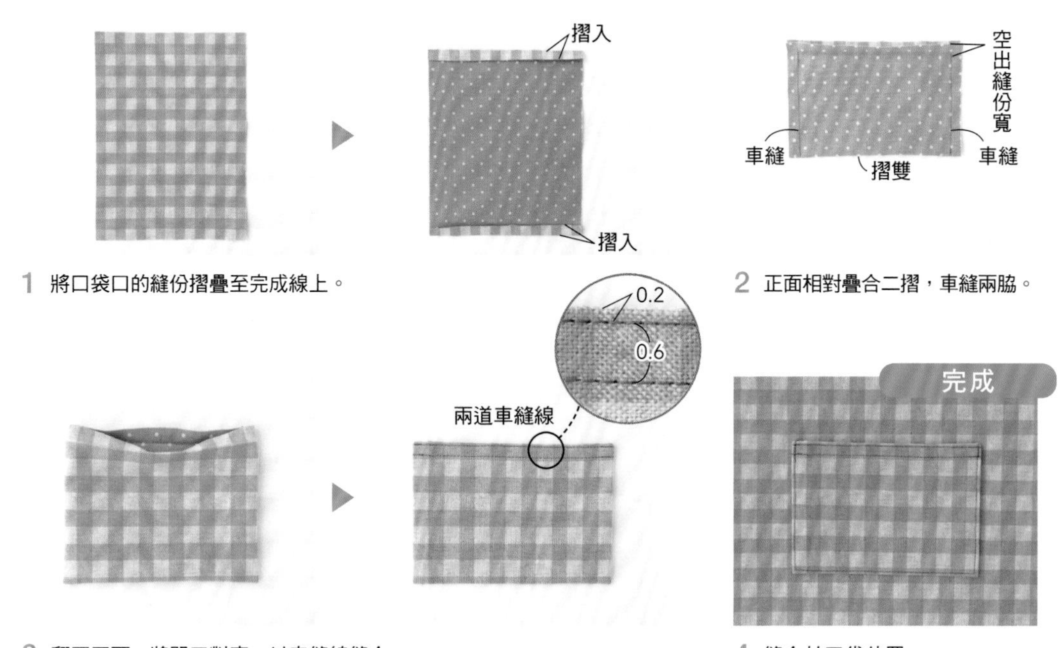
摺入
摺入
空出縫份寬
車縫
摺雙
車縫
0.2
0.6
兩道車縫線
完成

1 將口袋口的縫份摺疊至完成線上。

2 正面相對疊合二摺，車縫兩脇。

3 翻至正面，將開口對齊，以車縫線縫合。

4 縫合於口袋位置。

內側 有側身貼式口袋

口袋底邊為平面式，
以摺疊摺襉的方式作出側身的口袋。
由於以兩層的摺雙部分作為底，
因此能夠無縫份地俐落車縫。

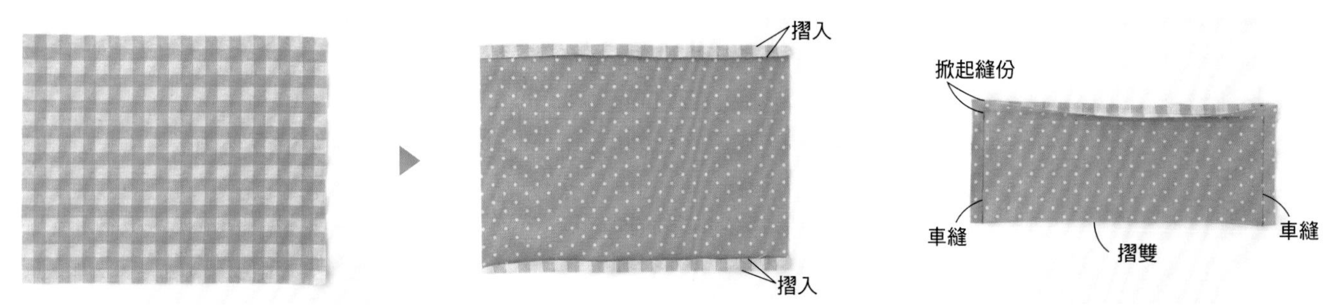
摺入
摺入
掀起縫份
車縫
摺雙
車縫

1 將口袋口縫份摺疊至完成線。

2 正面相對疊合對摺，車縫兩脇。

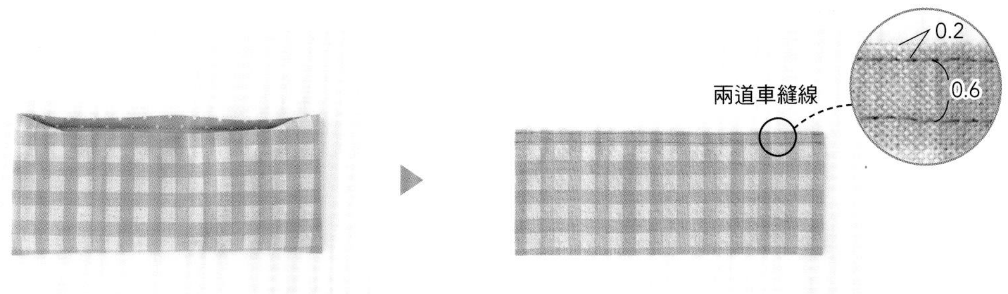
兩道車縫線
0.2
0.6

3 翻至正面，將開口對齊，以車縫線閉合。

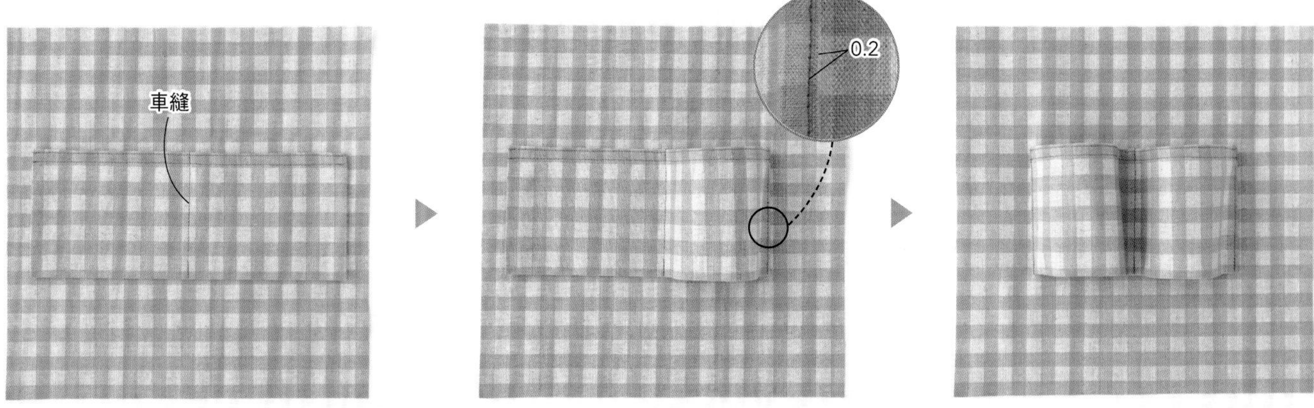
車縫
0.2

4 車縫口袋位置的中央。

5 讓口袋呈現凸起的狀態，車縫兩脇。

6 摺疊固定中央與兩脇底部。

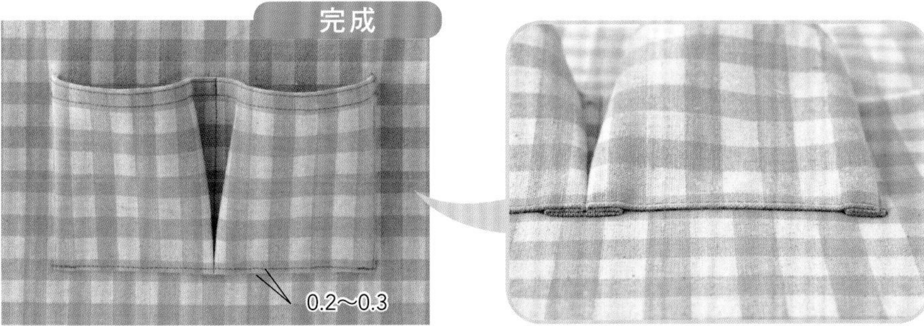
完成
0.2～0.3

7 車縫固定底邊。

內側 網袋插袋

重疊接合於背部面的較大內口袋。
網狀口袋口若以織帶收邊，
就會帶有適當的彈性，易於物品進出。

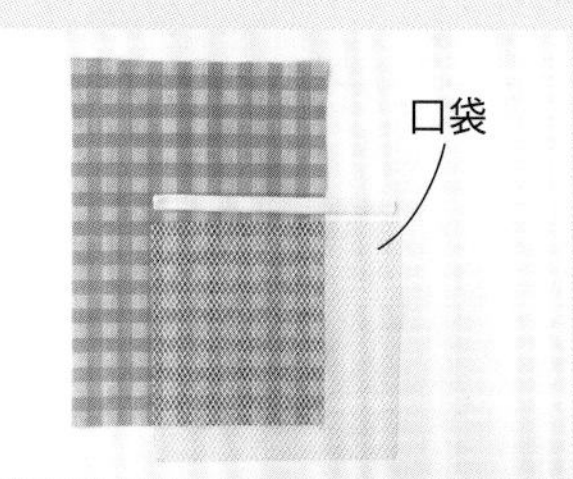
口袋

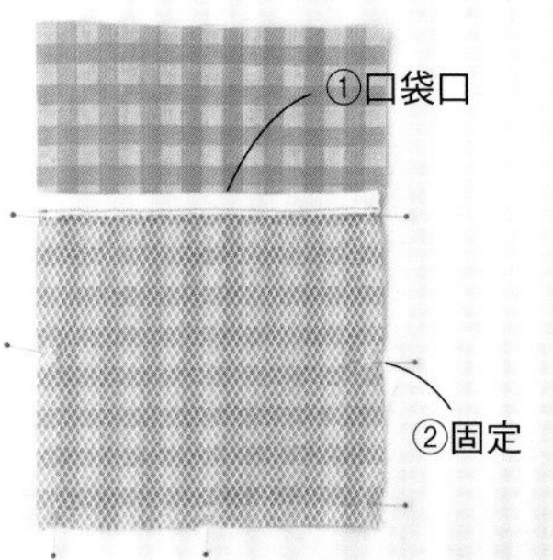
①口袋口
②固定

1 口袋口收邊，對齊背部面。

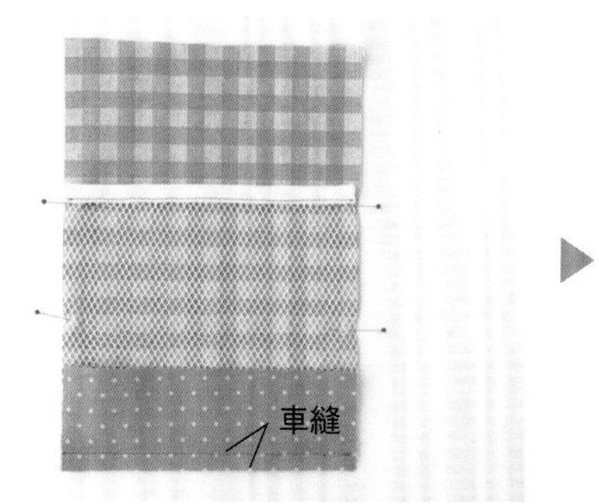
車縫

2 車縫底側裁片，也縫合其他裁片。

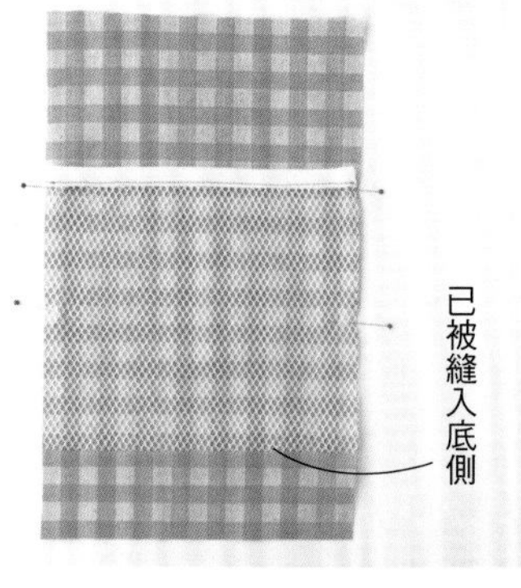
已被縫入底側

完成

內側 前面 側面 插袋

這是無論任何裁片，
只要決定好開口位置，就能車縫的口袋。
裁片寬度會成為口袋開口的大小。
縫份會縫入旁邊裁片之中，
因此口袋內側不會有縫份。

口袋

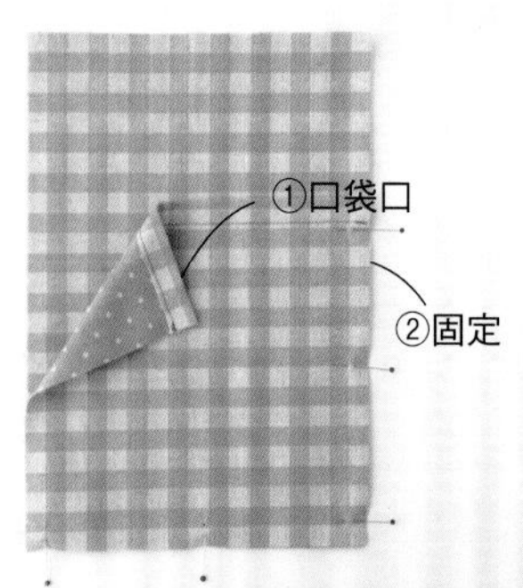
①口袋口
②固定

1 口袋口收邊，重疊對齊於作為基底的裁片。

2 車縫底側裁片，也縫合其他裁片。

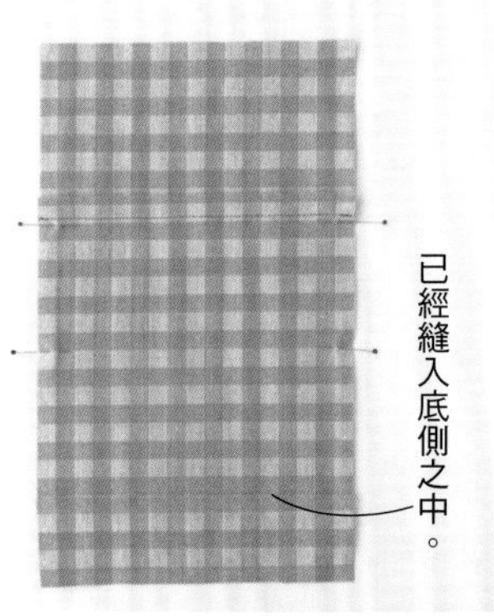
已經縫入底側之中。

完成

圓弧形後背包

原寸紙型A・B面

拉鍊隱藏的後背包開口與口袋口。
表布使用水洗加工尼龍牛津布，
背部面與肩帶則使用了三明治網眼布料。

隱藏式拉鍊

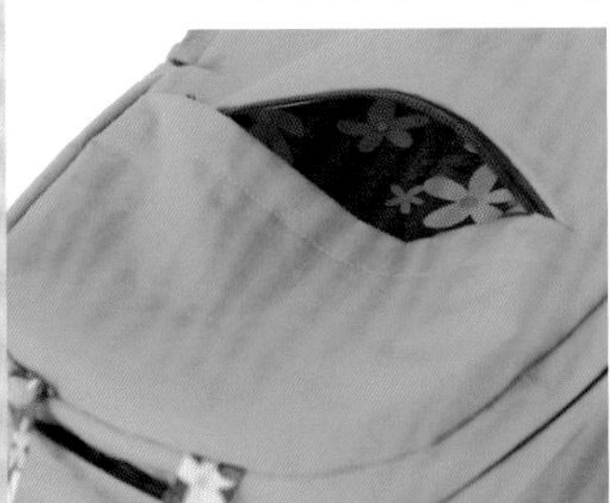

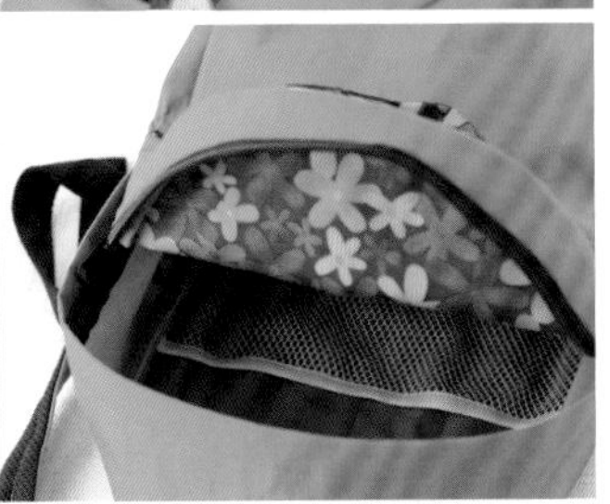

作為口袋袋布的裡布，使用了花朵圖案的尼龍滌塔夫。

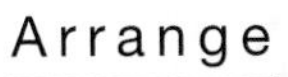

Arrange

拉鍊外露式開口

後背包開口
使用了方形後背包（P.51）的紙型，
就能露出拉鍊。
表布為尼龍牛津布。

配合表布圖案，在背部面三明治網眼布壓線。

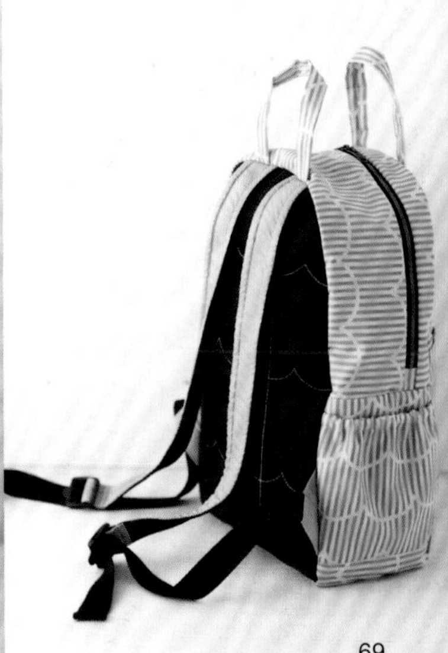

作法

＊布料與縫線使用不同顏色，以易於辨識。

材　料

○表布　135×55cm
○表布（三明治網眼布）　45×50cm
○裡布　80×45cm
○網布　30×30cm
○拉鍊（50cm）　1條、（20cm）　1條
○滾邊斜布條（寬1.8cm 兩摺式）　420cm
○內口袋滾邊用織帶（寬1.1cm）　30cm
○梯形環（寬2.5cm）　2個
○織帶（寬2.5cm）　100cm
○寬扁鬆緊帶（10股）　30cm

完成尺寸

500ml的
寶特瓶

高　38cm
寬　25cm
側身　12.5cm
肩帶長　42～78cm

裁布圖

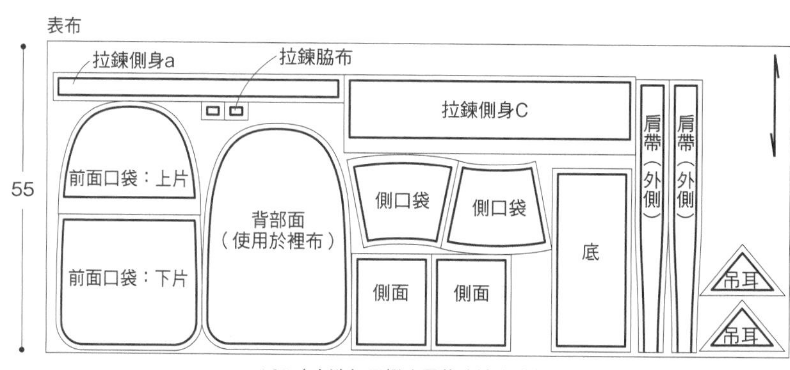
表布
拉鍊側身a
拉鍊脇布
拉鍊側身C
肩帶（外側）
肩帶（外側）
前面口袋：上片
背部面（使用於裡布）
側口袋
側口袋
底
前面口袋：下片
側面
側面
吊耳
吊耳
55
135（水洗加工撥水尼龍牛津布寬）

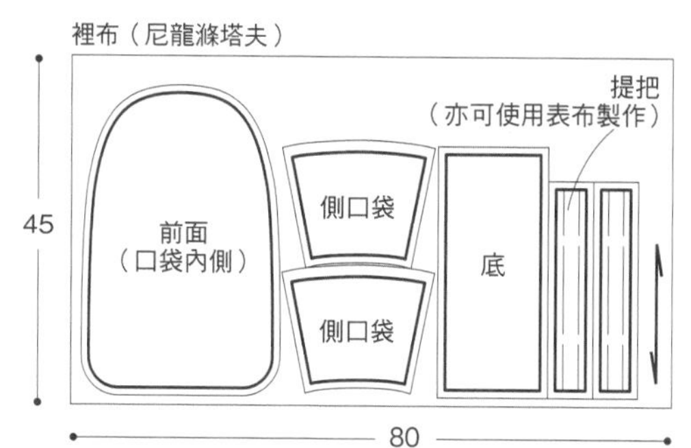
裡布（尼龍滌塔夫）
提把（亦可使用表布製作）
前面（口袋內側）
側口袋
側口袋
底
45
80

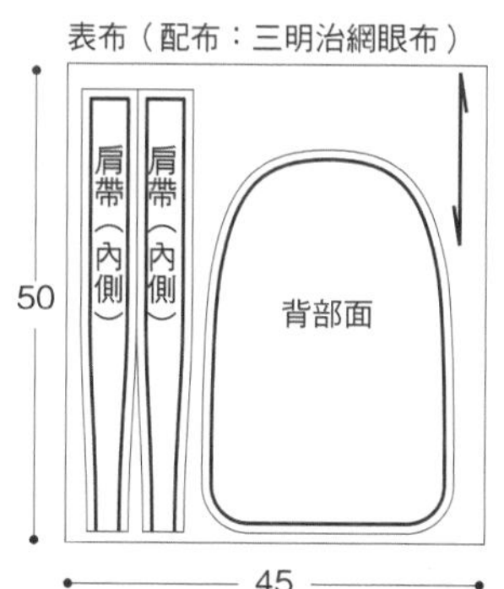
表布（配布：三明治網眼布）
肩帶（內側）
肩帶（內側）
背部面
50
45

網布
內口袋
※使用於前面口袋：下片
30
30

作法重點

使用在背部面的三明治網眼布，若於裡布壓線固定，緩衝性會較為穩定。肩帶則使用1道車縫線，以避免將泡綿壓扁。

1 車縫口袋

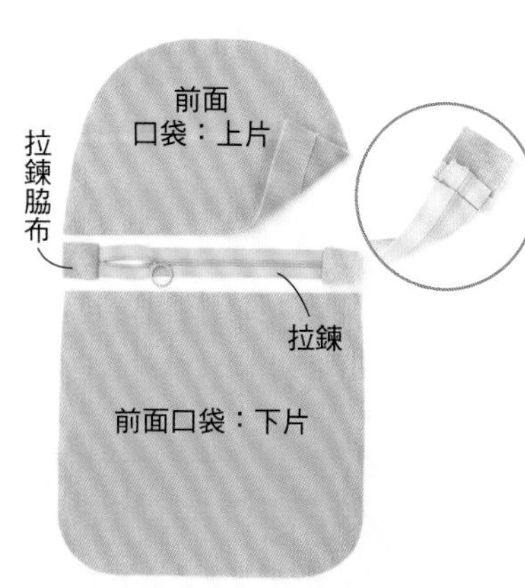
前面
口袋：上片
拉鍊脇布
拉鍊
前面口袋：下片

1 將脇布接縫於拉鍊（脇布接縫方式請參照Lesson5 P.57）。

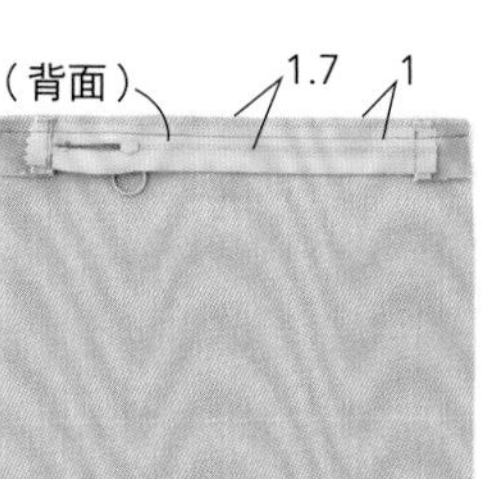
（背面）
1.7
1
（正面）

2 將前面口袋：下片與拉鍊縫合。

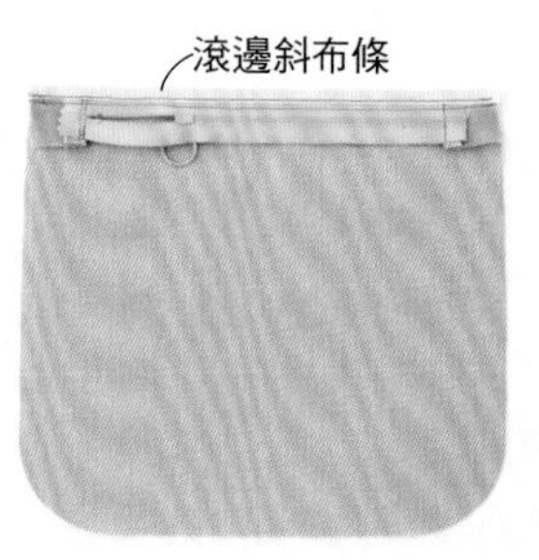
滾邊斜布條

3 縫份以滾邊斜布條收邊（參照Lesson2 P.18，基本縫法）。

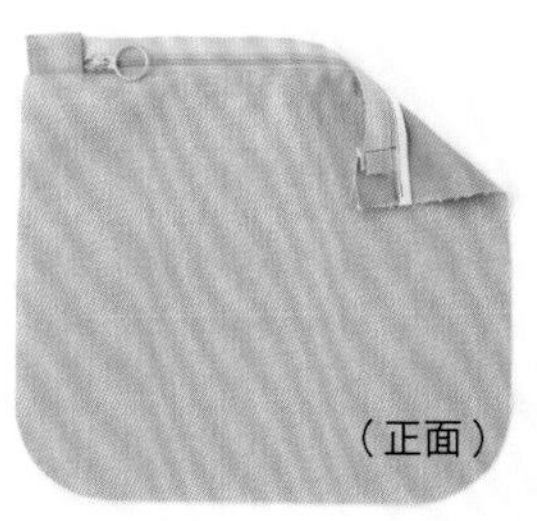
（正面）

4 縫份倒向口袋。

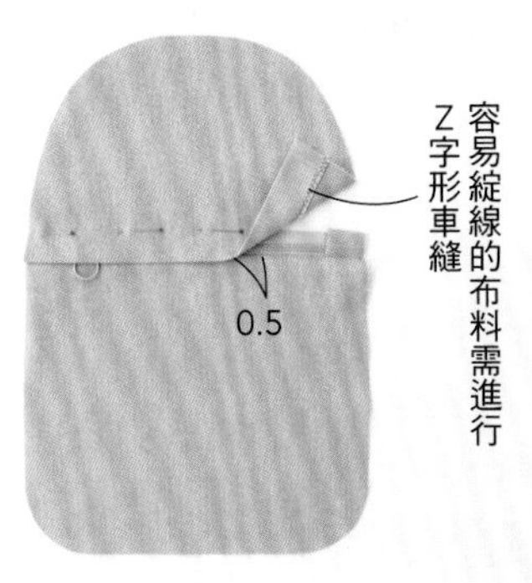
容易綻線的布料需進行Z字形車縫
0.5

5 在前面口袋：上摺疊至完成線的狀態，重疊於口袋：下片0.5cm固定。

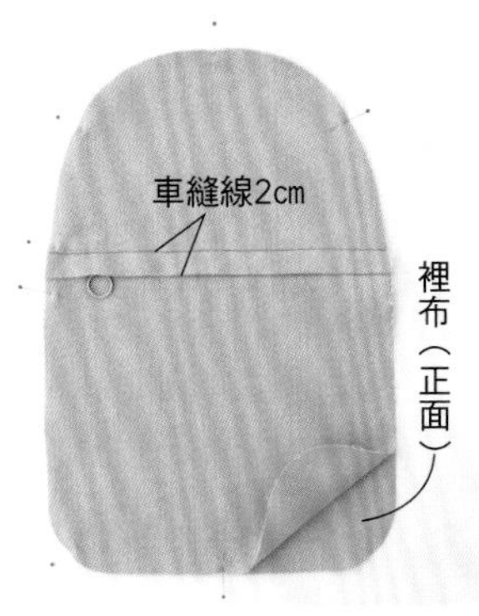
車縫線2cm
裡布（正面）

6 壓車縫線，重疊於裡布。裡布將成為袋布。

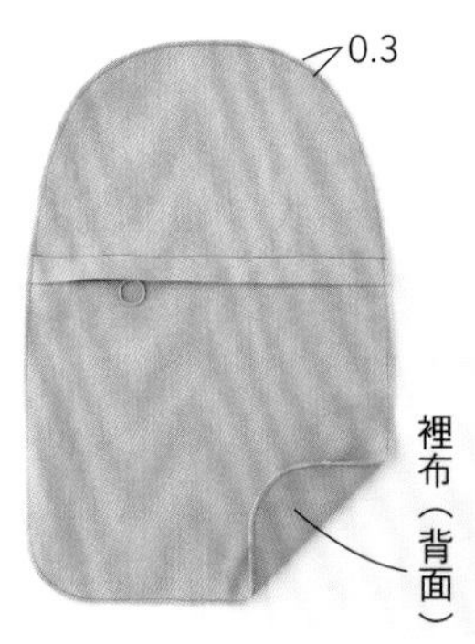
0.3
裡布（背面）

7 車縫固定四周。

2 車縫後背包開口

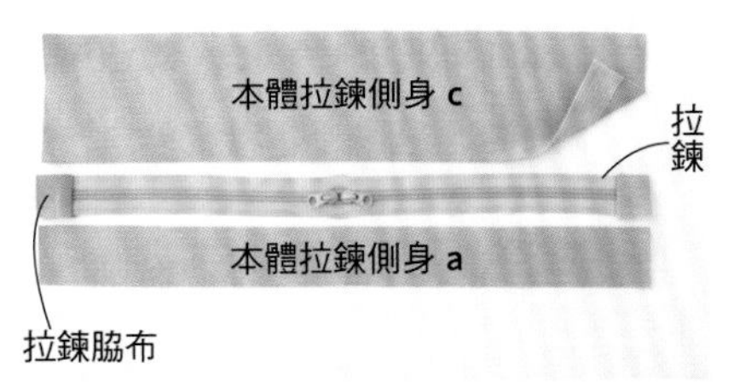
本體拉鍊側身 c
拉鍊
本體拉鍊側身 a
拉鍊脇布

1 若無指定尺寸的拉鍊時，就將脇布接合於線圈拉鍊上，配合長度。

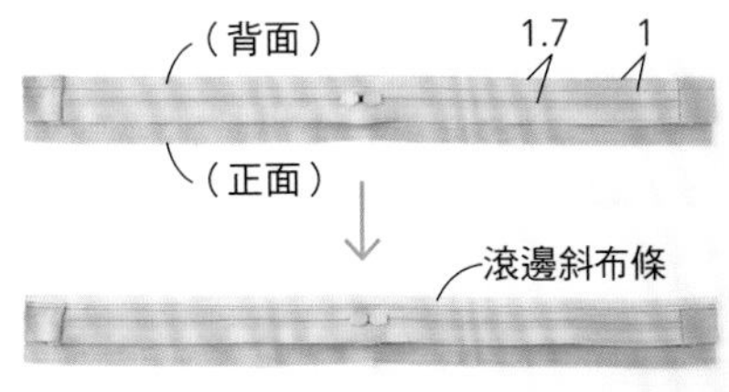
（背面）
1.7
1
（正面）
滾邊斜布條

2 車縫拉鍊側身a與拉鍊，縫份以滾邊斜布條收邊。

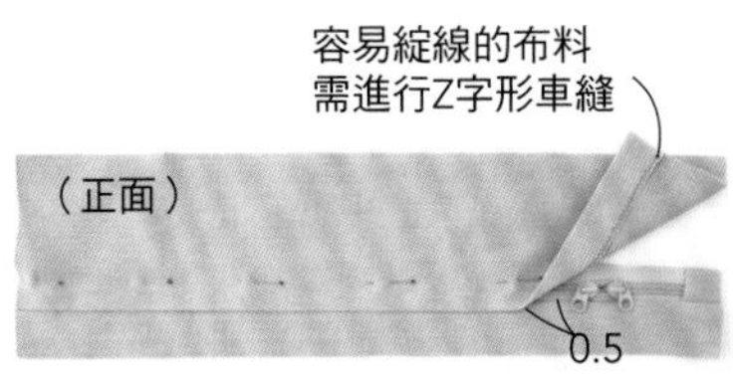
容易綻線的布料
需進行Z字形車縫
（正面）
0.5

3 在拉鍊側身摺疊至完成線的狀態，重疊於側身a 0.5cm固定。

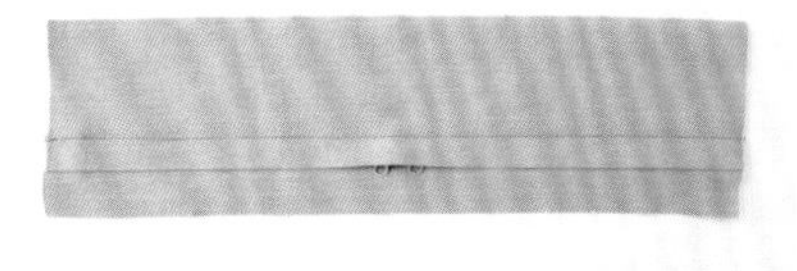

4 以車縫線固定。

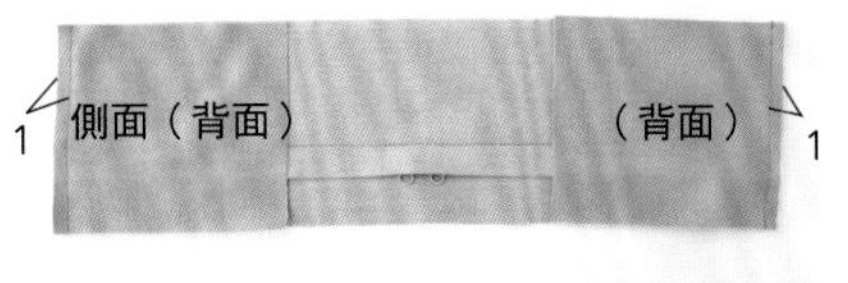
1
側面（背面）
（背面）
1

5 將側面車縫於兩脇。

6 縫份以滾邊斜布條收邊，倒向側面側。

3 車縫側邊口袋

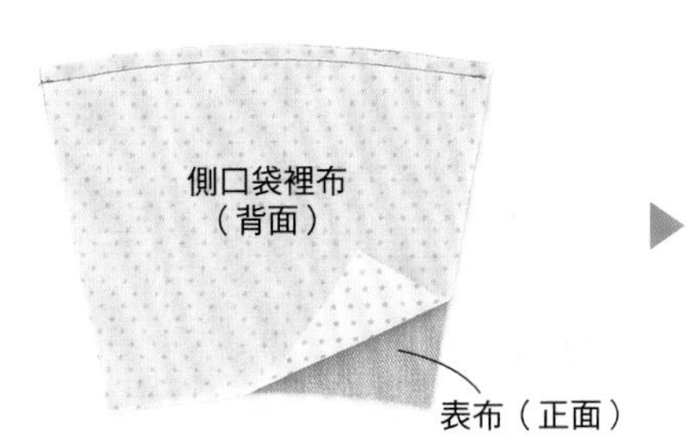
側口袋裡布
（背面）
表布（正面）

1 表布與裡布正面相對疊合，車縫口袋口。

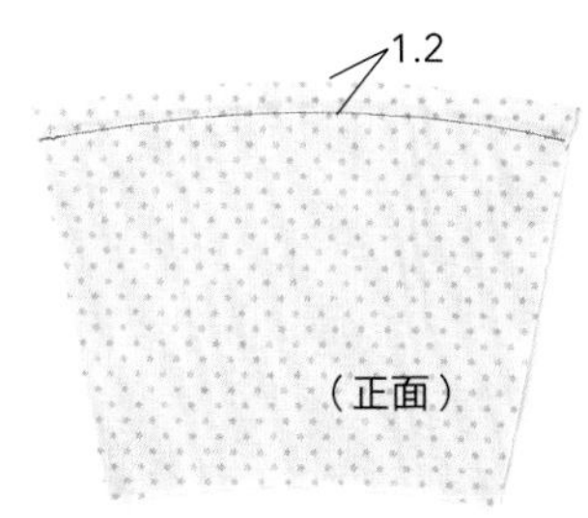
1.2
（正面）

2 翻至正面壓車縫線。

3 穿入鬆緊帶，按照側面寬度固定。

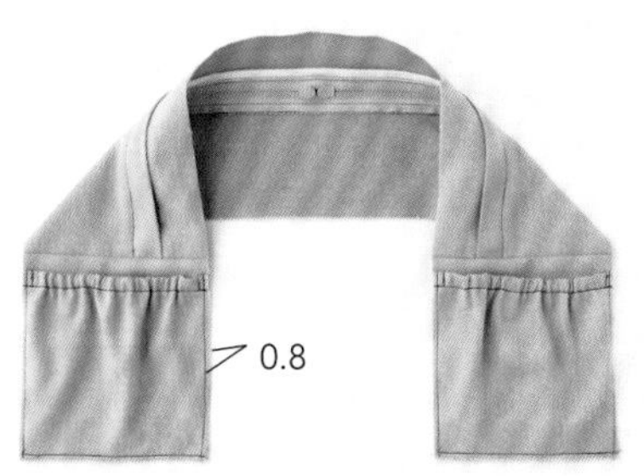
0.8

4 暫時車縫固定於側面。

4 車縫底部

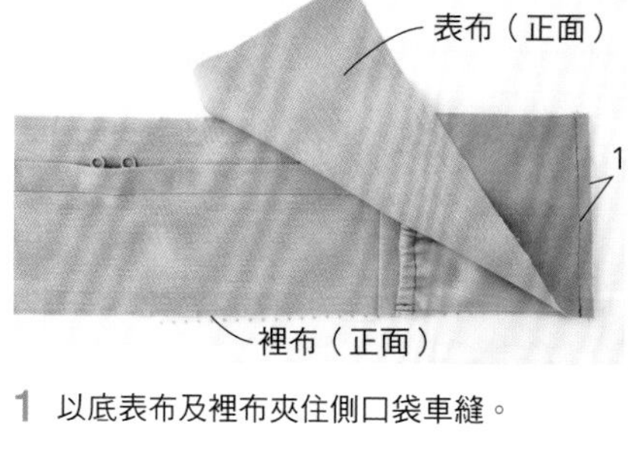
表布（正面）
1
裡布（正面）

1 以底表布及裡布夾住側口袋車縫。

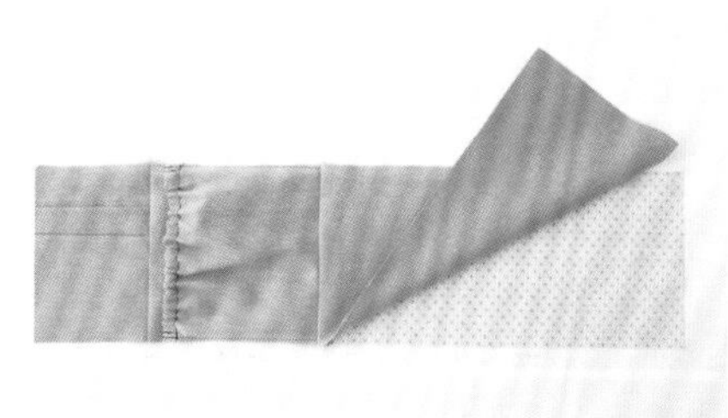

2 翻至正面，另一側也以相同方式車縫。

0.3

3 車縫固定底表布與裡布邊端。

5 車縫吊耳

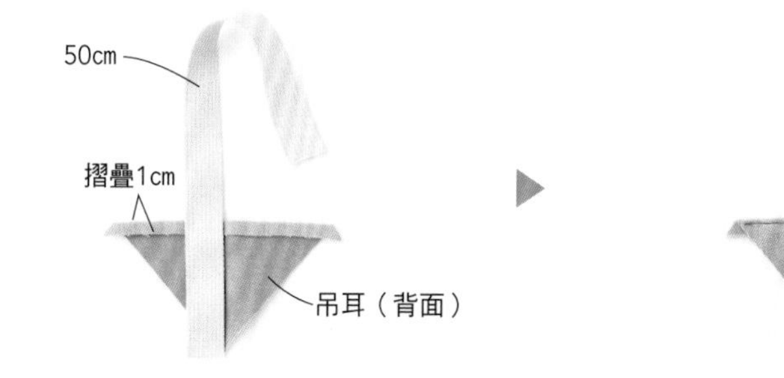
50cm
摺疊1cm
吊耳（背面）
約0.3cm

以吊耳夾住背帶車縫。以車縫線牢牢固定。

6 車縫提把

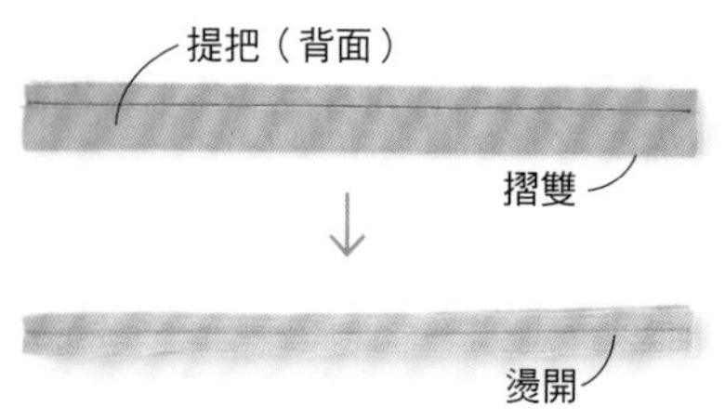
提把（背面）
摺雙
燙開

1 提把正面相對疊合車縫。燙開份（可以手指按壓）。

（正面）

2 翻至正面。縫線置於中央。

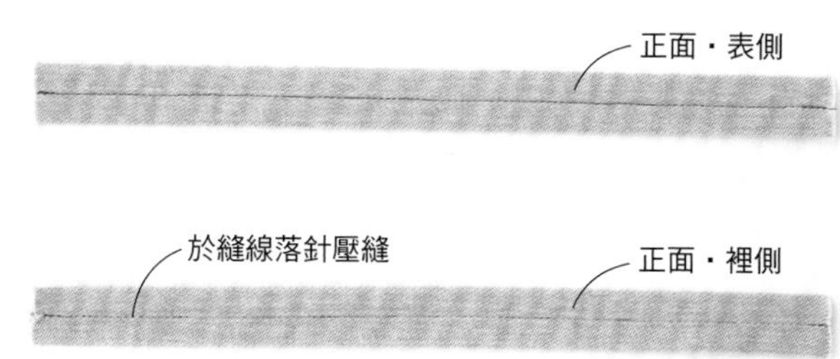
正面・表側
於縫線落針壓縫
正面・裡側

3 於中央壓車縫線。製作2條。

7 車縫肩帶

表布（正面）
肩帶內側（背面）
間隔1cm

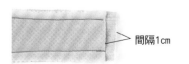

1 將肩帶正面相對疊合車縫。

（背面）
（正面）

2 翻至正面。

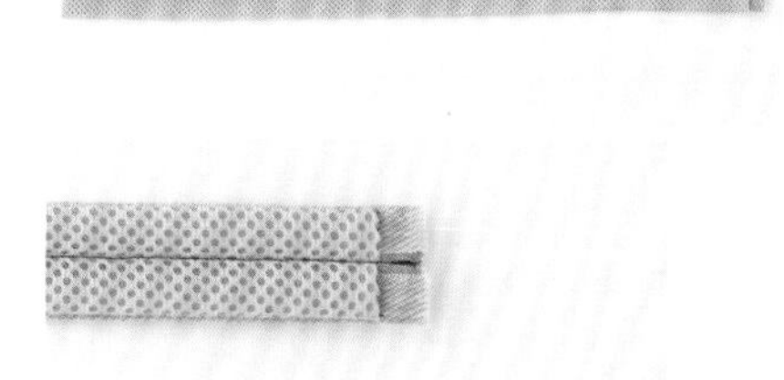

3 中央壓車縫線。製作2條。

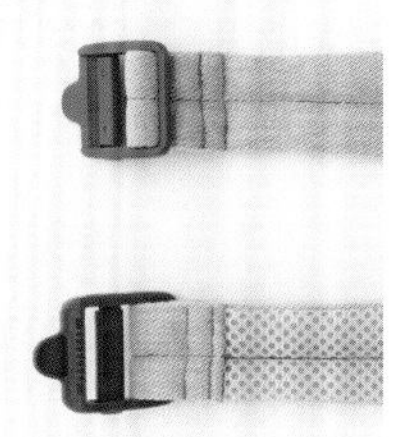

4 穿入梯形環，摺疊末端1cm車縫固定。

8 車縫背部面

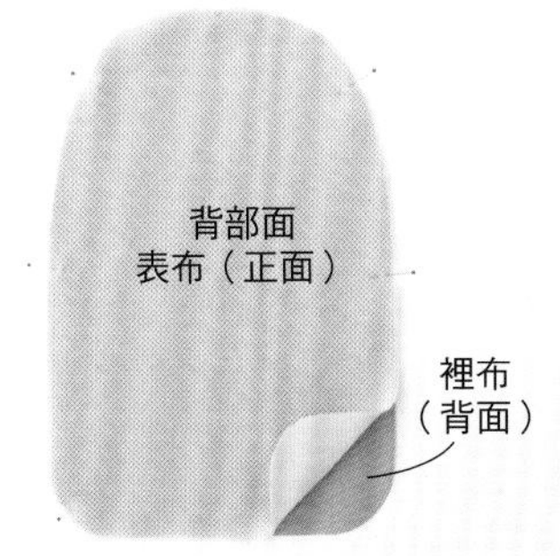
背部面
表布（正面）
裡布
（背面）

1 表布與裡布背面相對疊合。

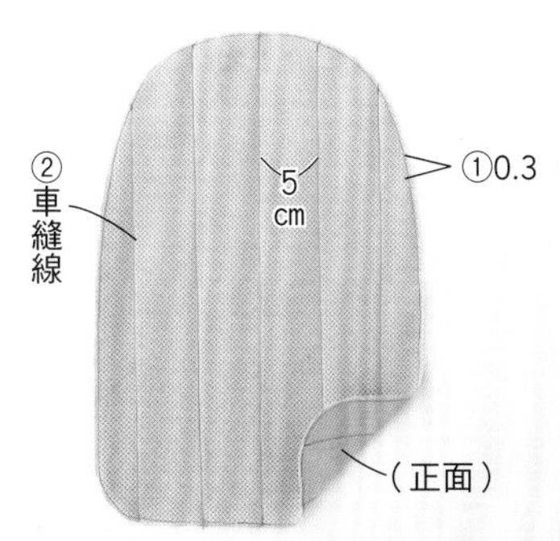
②車縫線
5cm
①0.3
（正面）

2 車縫固定四周，車縫壓線。壓線間隔依喜好而定。

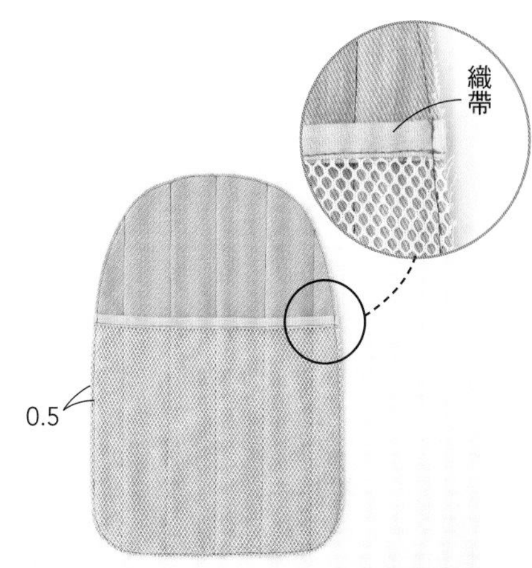
織帶
0.5

3 內口袋口進行收邊，暫時車縫固定於背部面裡布側。

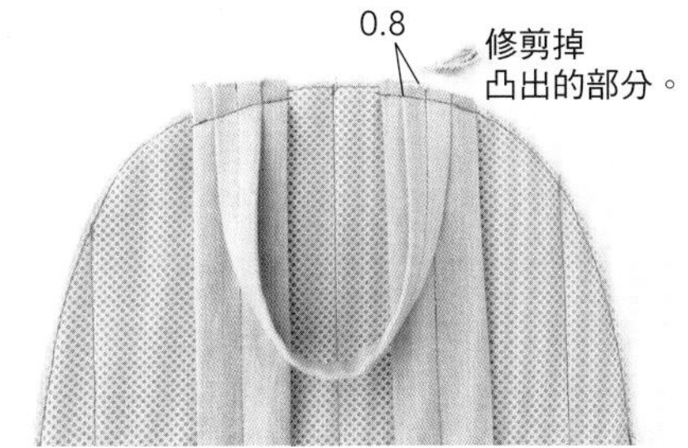
0.8
修剪掉
凸出的部分。

4 將肩帶與提把暫時車縫固定於上側。

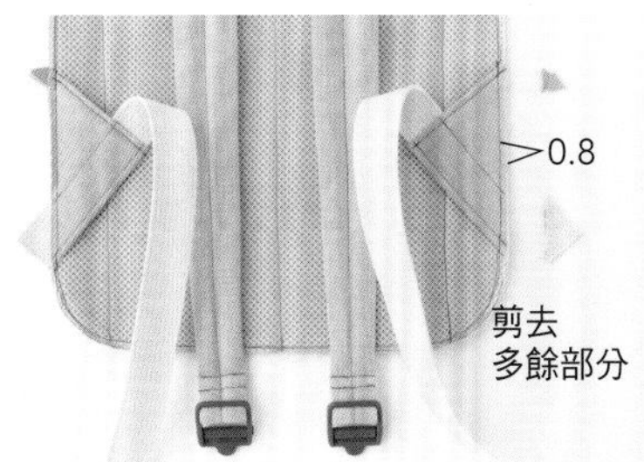
0.8
剪去
多餘部分

5 將吊耳暫時車縫固定於兩脇。

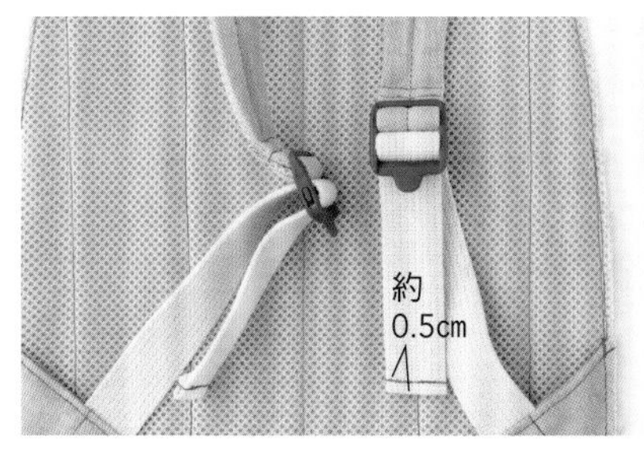
約
0.5cm

6 將連接於吊耳的背帶穿入梯形環，將背帶末端二摺（亦可三摺）車縫。

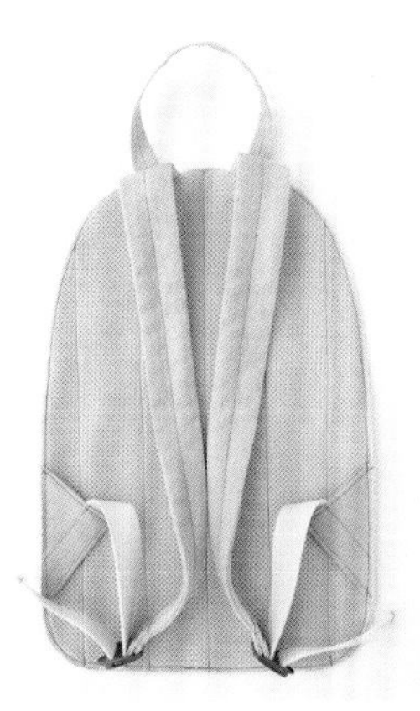

於背部面車縫上各種配件的樣子。

9 縫合

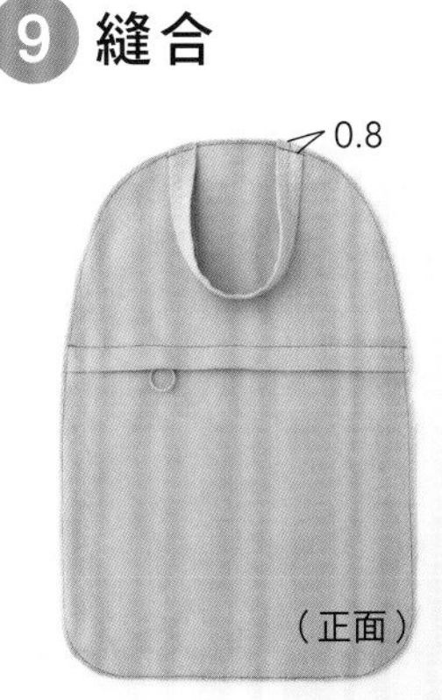
0.8
（正面）

1 將提把暫時車縫固定於前面上部。

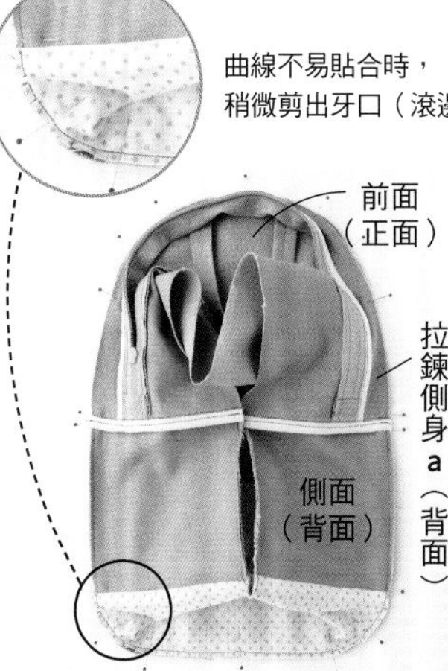
曲線不易貼合時，
稍微剪出牙口（滾邊斜布條可覆蓋的位置）
前面
（正面）
拉鍊側身a（背面）
側面
（背面）

2 將側身部分正面相對疊合。

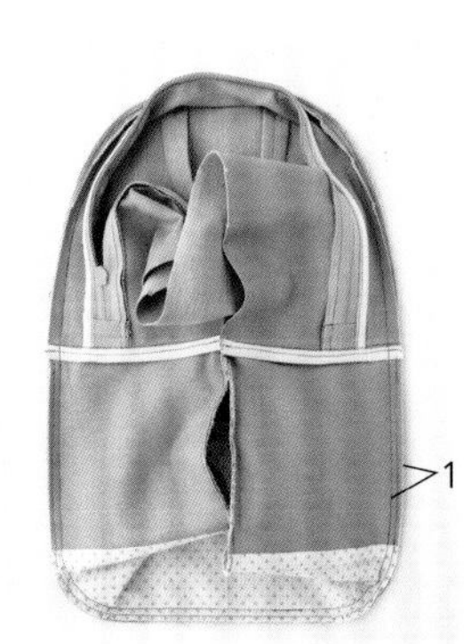
1

3 車縫。

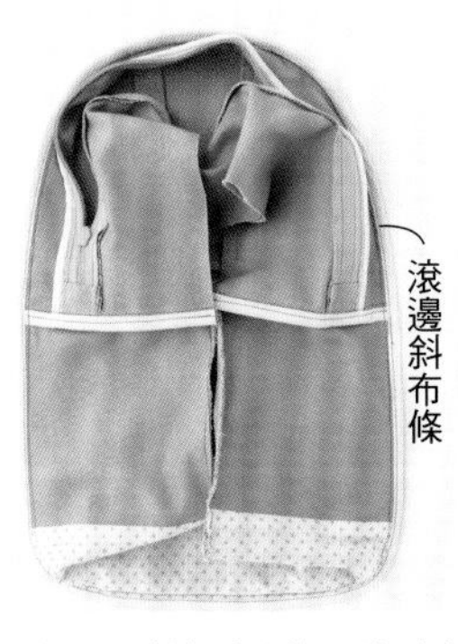
滾邊斜布條

4 縫份以滾邊斜布條收邊（參照Lesson2 P.19 **C**）。

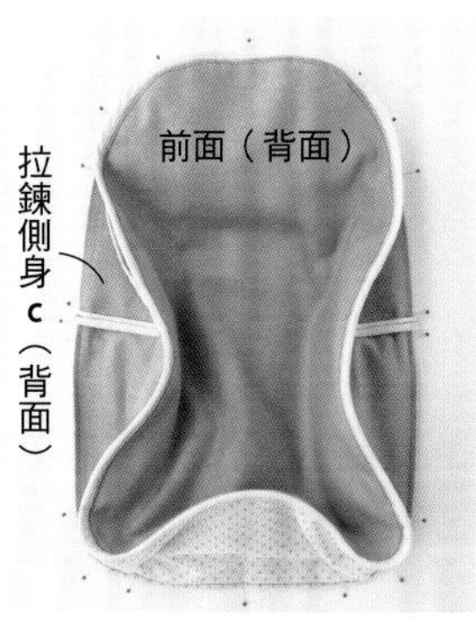
前面（背面）
拉鍊側身c（背面）

5 以相同方式將背部面正面相對疊合。

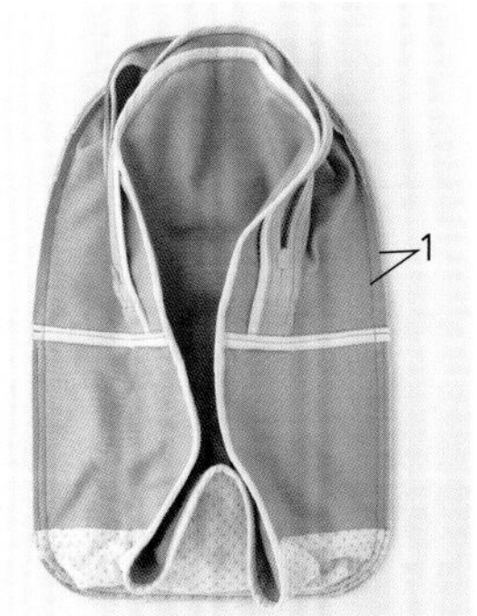
1

6 打開拉鍊進行車縫。

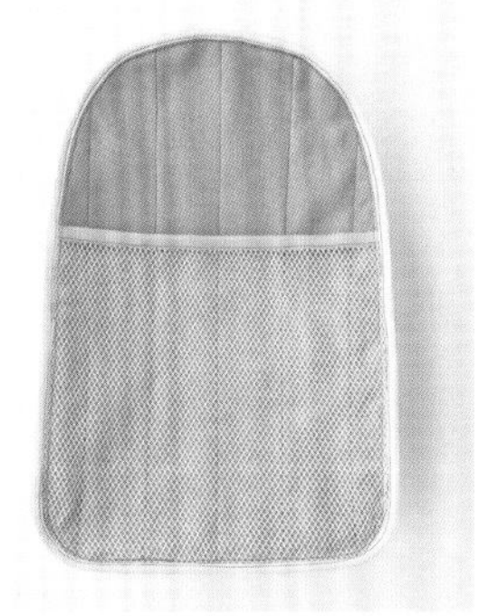

7 縫份以滾邊斜布條收邊，翻至正面。

完成

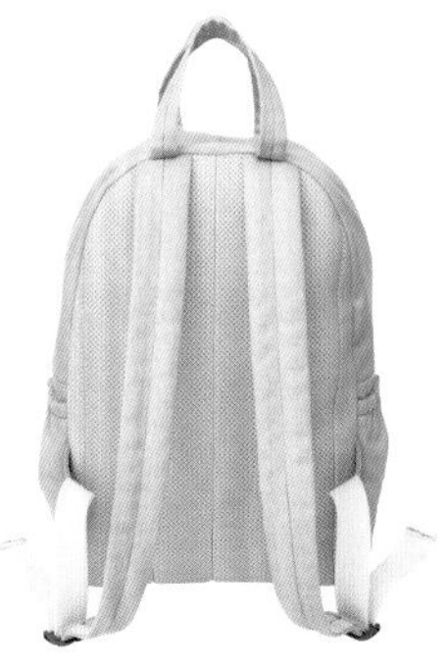

也可以作成拉鍊外露式

後背包開口的側身和方形後背包共用，
因此方形後背包亦可製作成隱藏式拉鍊。

材　料

- ○表布　118（布寬）×50cm
- ○表布（三明治網眼布）　45×50cm
- ○裡布（mini Ripstop）　90×50cm
- ○網布　30×30cm
- ○拉鍊（50cm）　1條、（20cm）　1條
- ○滾邊斜布條（寬1.8cm 兩摺式）　440cm
- ○內口袋滾邊用織帶（寬1.1cm）　30cm
- ○梯形環（寬2.5cm）　2個
- ○織帶（寬2.5cm）　100cm
- ○寬扁鬆緊帶（10股）　30cm

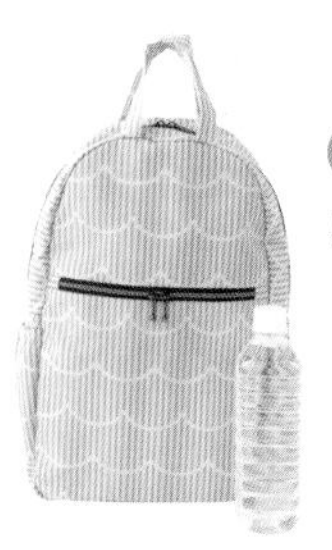

完成尺寸

與隱藏式拉鍊相同

裁布圖

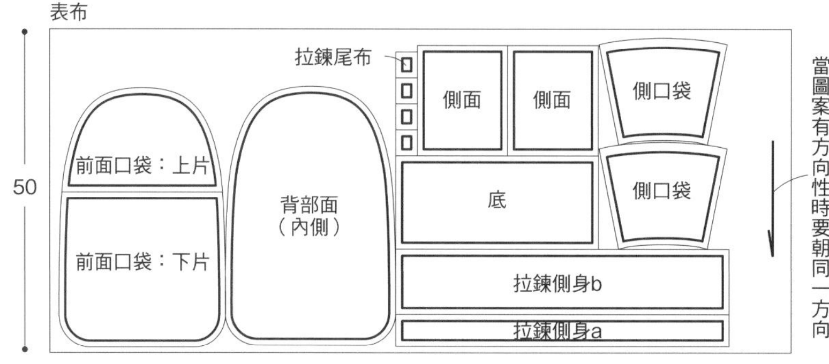
表布
拉鍊尾布
側面
側面
側口袋
前面口袋：上片
背部面（內側）
底
側口袋
前面口袋：下片
拉鍊側身b
拉鍊側身a
50
118（尼龍牛津布寬）
當圖案有方向性時要朝同一方向

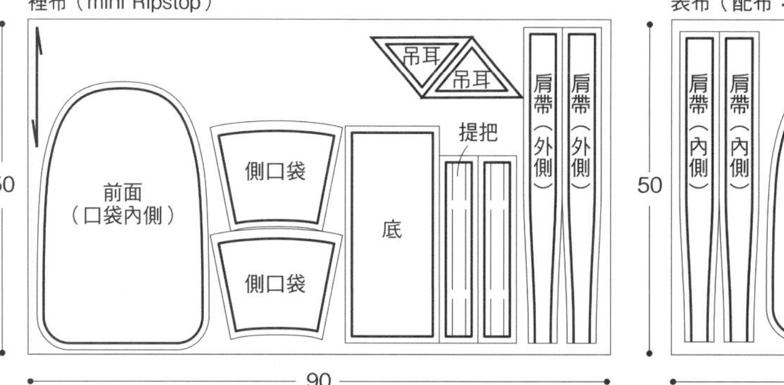
裡布（mini Ripstop）
吊耳
吊耳
肩帶（外側）
肩帶（外側）
提把
前面（口袋內側）
側口袋
底
側口袋
50
90
表布（配布：三明治網眼布）
肩帶（內側）
肩帶（內側）
背部面
50
45

支架口金後背包

原寸紙型C面

無論是接縫於前面的口袋口或是後背包開口，
拉鍊接合都只有直線。
使用水洗加工尼龍牛津布。
若不裝上肩帶就會成為提包。

由於支架口金與表布穩定地維持住形狀，因此使用薄聚酯纖維材質的mini Ripstop作為裡布。

作法

＊布料與縫線使用不同顏色，以易於辨識。

材料

○表布A　90×45cm
○表布B　60×40cm
○裡布　115×40cm
○拉鍊（50cm）　1條、（20cm）　1條
○滾邊斜布條（寬1.8cm 兩摺式）　50cm
○支架口金（24cm寬）　1組
○梯形環（寬2.5cm）　2個
○織帶（寬2.5cm）　260cm

※當表布不進行配色時，表布用量與裁布圖請參照P.50。

完成尺寸

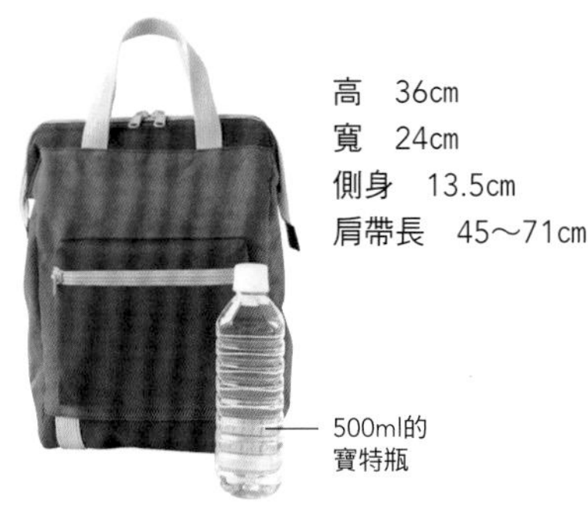

500ml的
寶特瓶

高　36cm
寬　24cm
側身　13.5cm
肩帶長　45～71cm

裁布圖

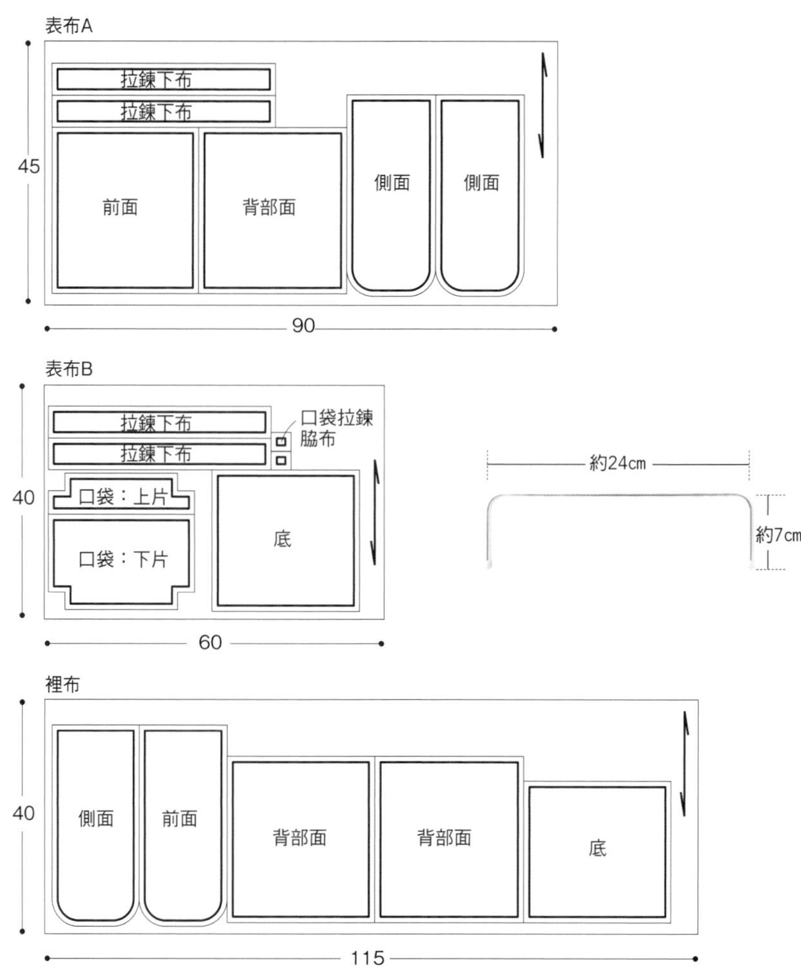

表布A
拉鍊下布
拉鍊下布
側面
側面
前面
背部面
45
90
表布B
拉鍊下布
拉鍊下布
口袋拉鍊脇布
口袋：上片
口袋：下片
底
40
60
約24cm
約7cm
裡布
側面
前面
背部面
背部面
底
40
115

作法重點

將連接肩帶的背帶從底部開始縫合固定，屆此由下方確實支撐。縫份以滾邊斜布條收邊的部分只有口袋口。

1 車縫口袋・本體

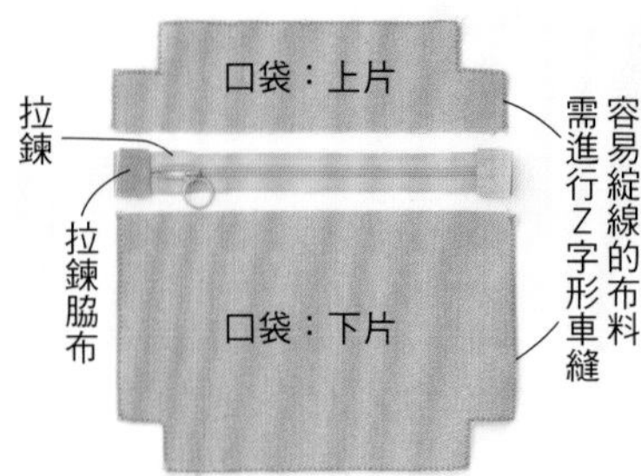

口袋：上片
拉鍊
拉鍊脇布
口袋：下片
容易綻線的布料需進行Z字形車縫

1 脇布接縫於拉鍊（參照Lesson5 P.57）。

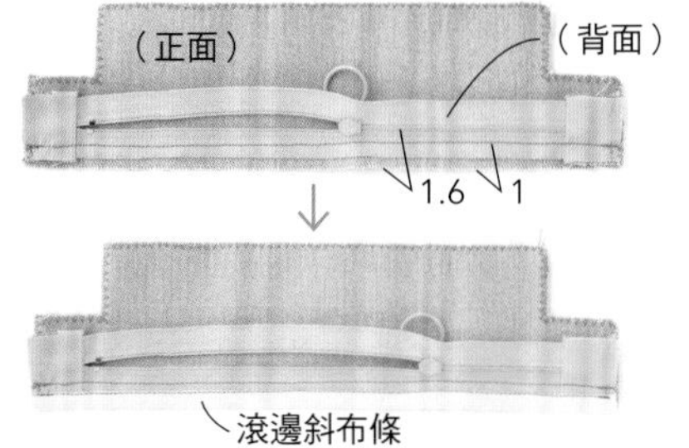

（正面）
（背面）
1.6
1
滾邊斜布條

2 車縫口袋：上片與拉鍊。縫份以滾邊斜布條收邊（縫份的處理參照Lesson2 P.18的基本縫法）。

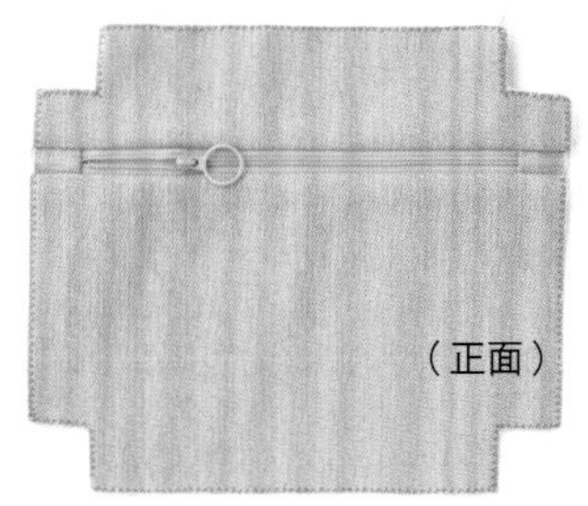

（正面）

3 口袋：下片也以相同方式車縫。

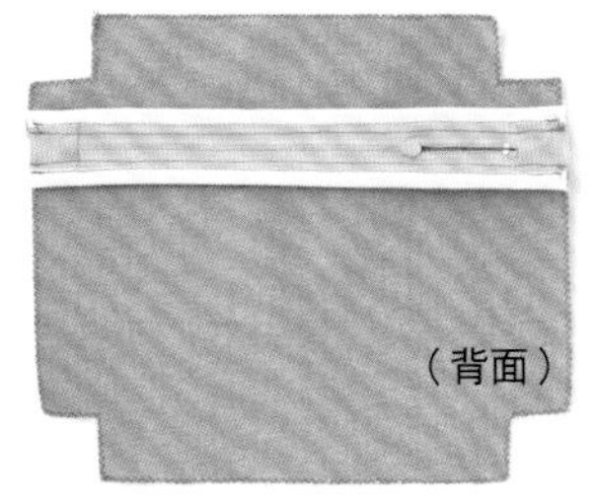
（背面）

4 縫份倒向口袋側。

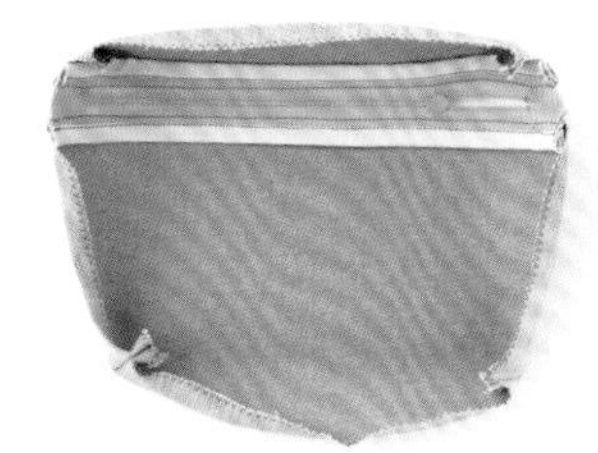

5 車縫側身（參照Lesson5 P.60）。

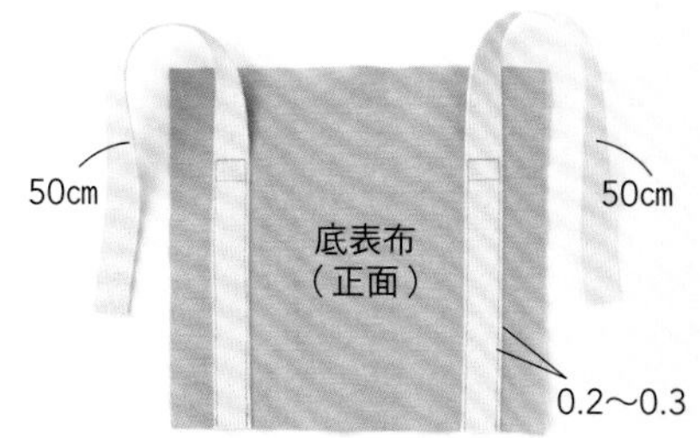
50cm
50cm
底表布
（正面）
0.2～0.3

6 在底部車縫背帶。

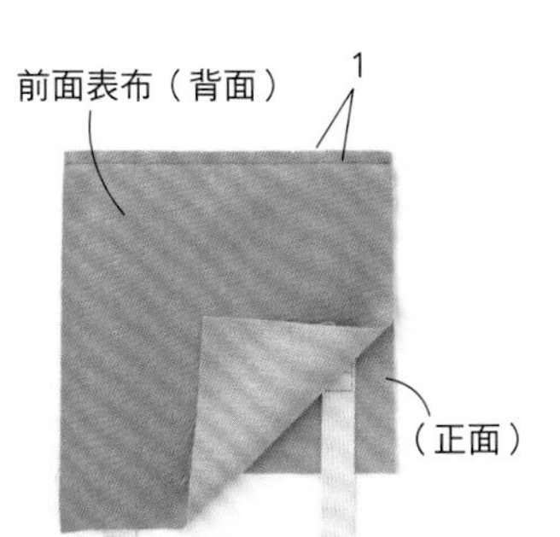
前面表布（背面）
1
（正面）

7 將前面正面相對疊合對齊縫合。

（正面）

8 縫份倒向前面側，壓車縫線。

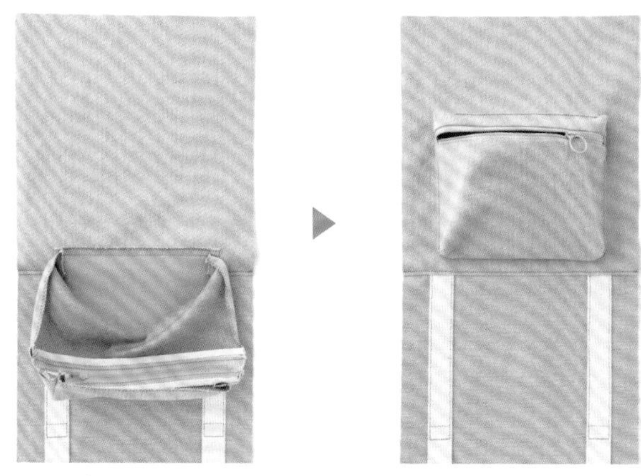

9 在前面接縫口袋（參照Lesson5 P.60）。

背部面表布（背面）
1

10 另一側則與背部面正面相對疊合車縫。

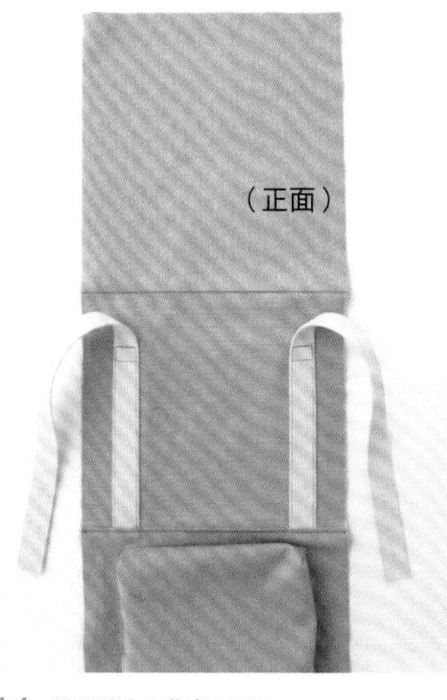
（正面）

11 縫份倒向背部面側。

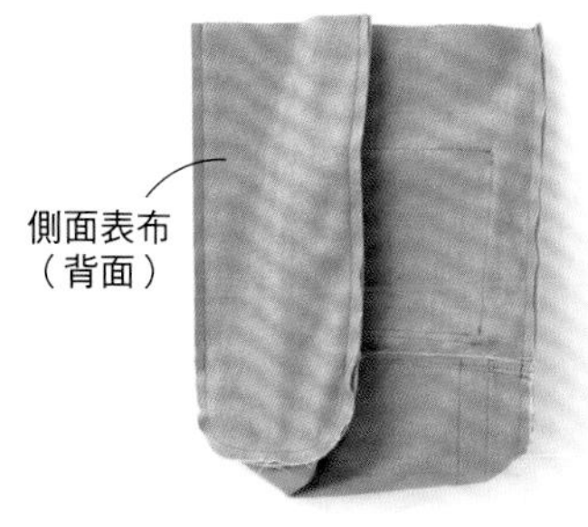
側面表布
（背面）

12 車縫左右側面。

② 車縫後背包開口

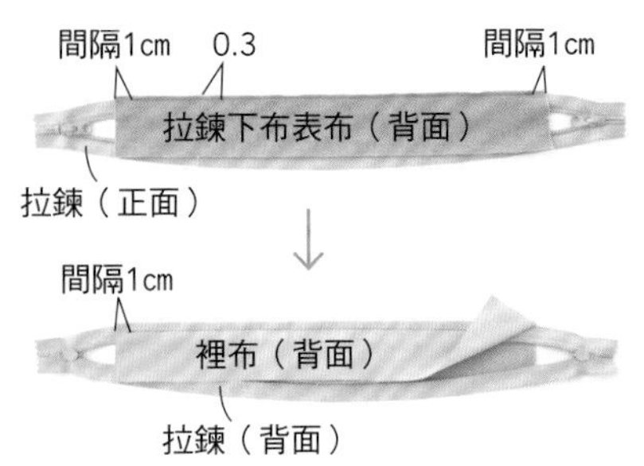
間隔1cm
0.3
間隔1cm
拉鍊下布表布（背面）
拉鍊（正面）
間隔1cm
裡布（背面）
拉鍊（背面）

1 將拉鍊與拉鍊下布表布的中央對齊，暫時車縫固定之後，再對齊裡布縫合。

1
1
（正面）

2 將下布翻至正面，摺疊未車縫處寬度的縫份。

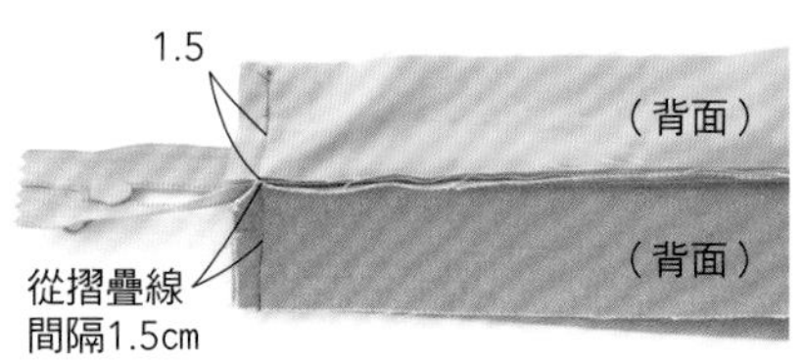
1.5
（背面）
（背面）
從摺疊線
間隔1.5cm

3 表布、裡布各自正面相對疊合，空出1.5cm口金開口，進行車縫。

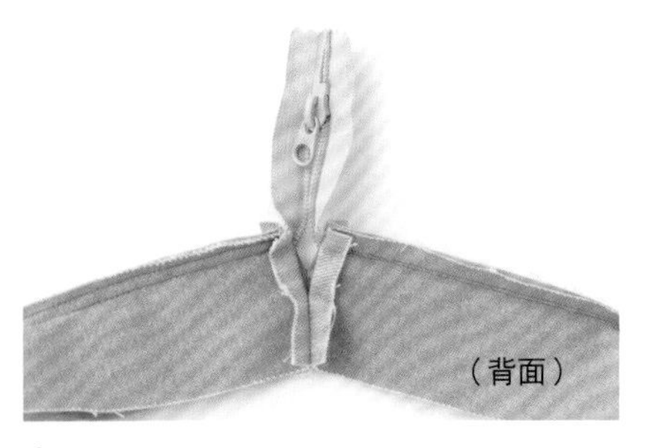
（背面）

（正面）
（正面）

4 從空出未縫的部分，將拉鍊拉出正面。

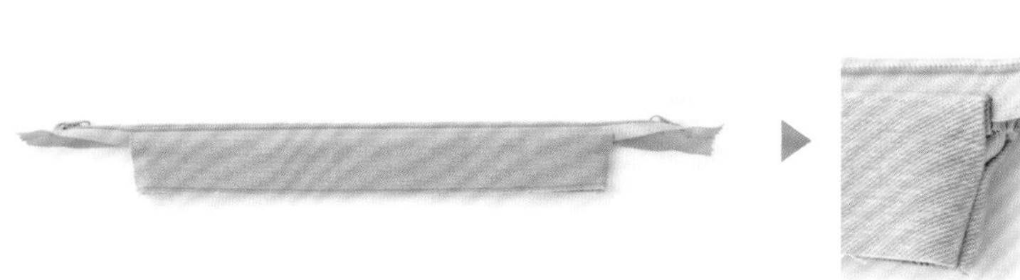

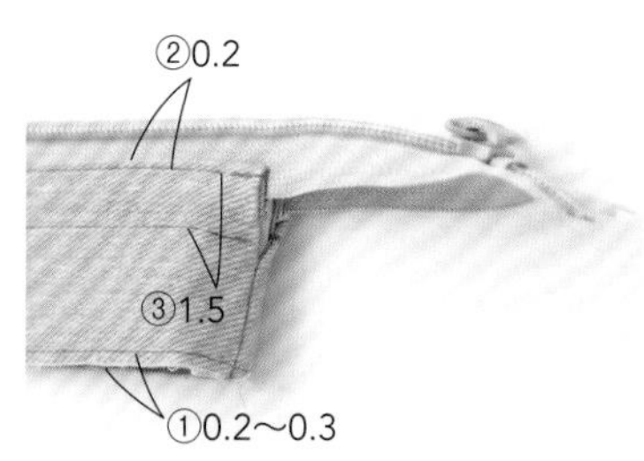
②0.2
③1.5
①0.2～0.3

5 調整支架口金開口的縫份。

6 表布・裡布背面相對疊合，從裁布端車縫固定一周，在開口壓車縫線。

③ 接縫裡布

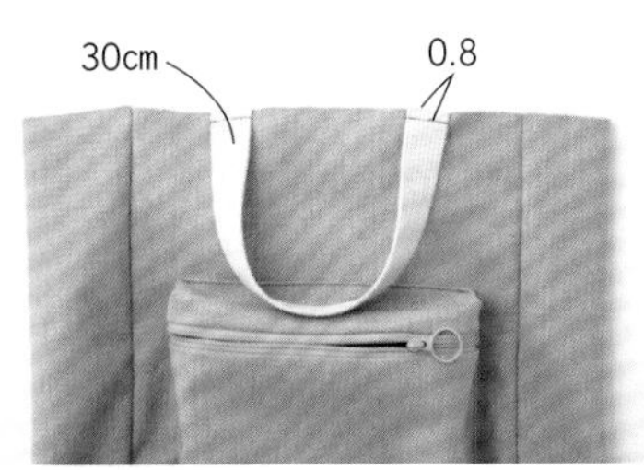
30cm
0.8

1 將提把暫時車縫固定於前面上部。

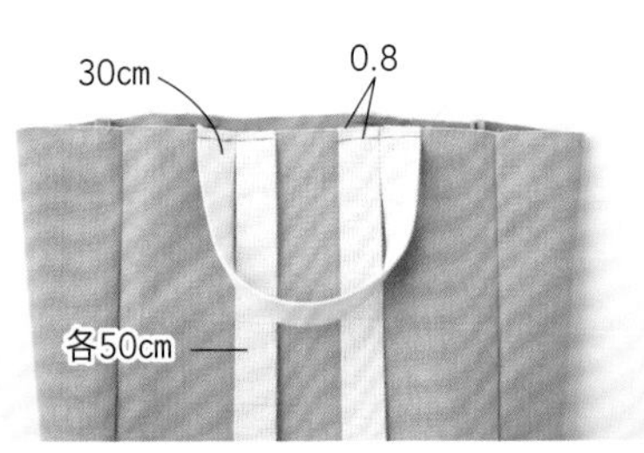
30cm
0.8
各50cm

2 在背部面上側暫時車縫固定肩帶與提把。

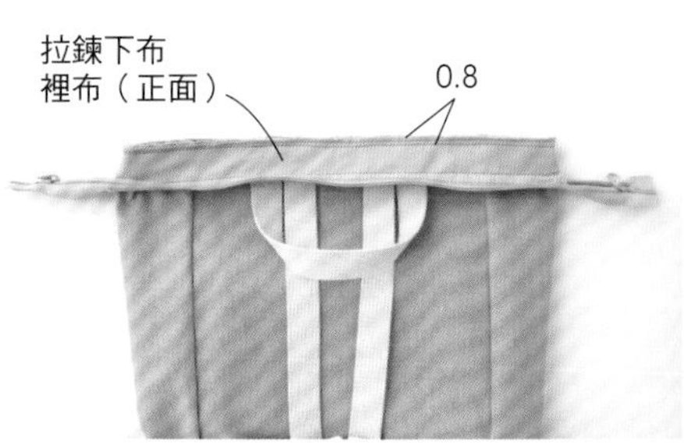
拉鍊下布
裡布（正面）
0.8

3 將拉鍊下布的表布正面相對疊合，暫時車縫固定一周。

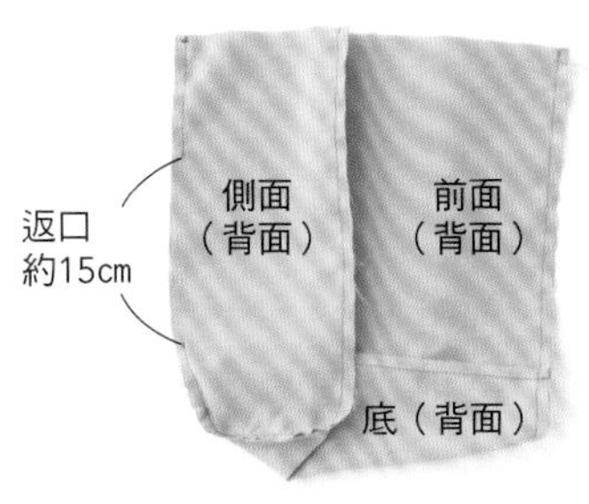
返口
約15cm
側面
（背面）
前面
（背面）
底（背面）

4 將裡布依照表布的相同順序縫合。一邊預留返口。

5 將表布本體置入其中，正面相對疊合固定。

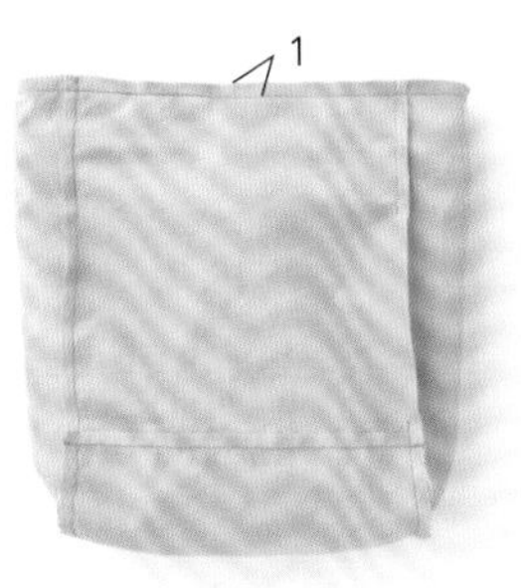
1

6 對齊裁邊，車縫一圈。

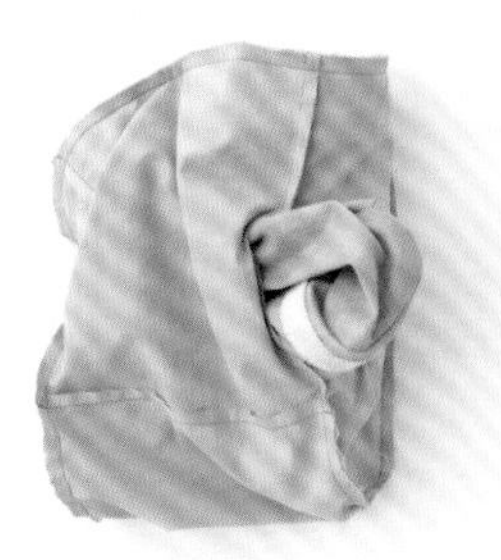

7 從返口翻出正面，縫合返口。

4 組合

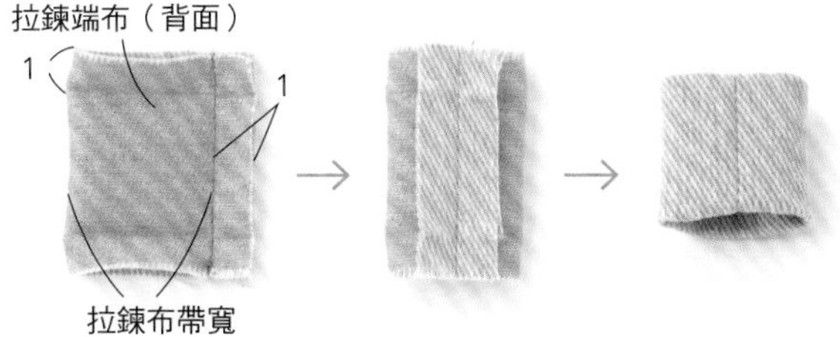
拉鍊端布（背面）
1
1
拉鍊布帶寬

1 將尾布正面相對疊合對摺車縫，翻至正面摺入縫份。

此處
此處

2 在拉鍊末端接合尾布。

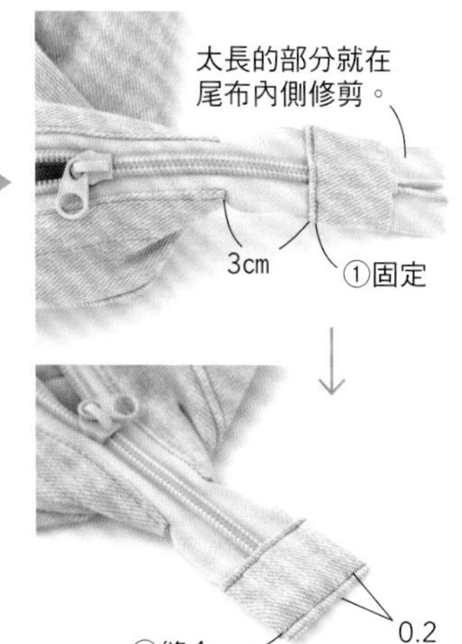
太長的部分就在
尾布內側修剪。
3cm
①固定
0.2
②縫合

3 在上側背帶裝上梯形環，從下穿入背帶，並將末端收邊（參照P.73⑧之6）。

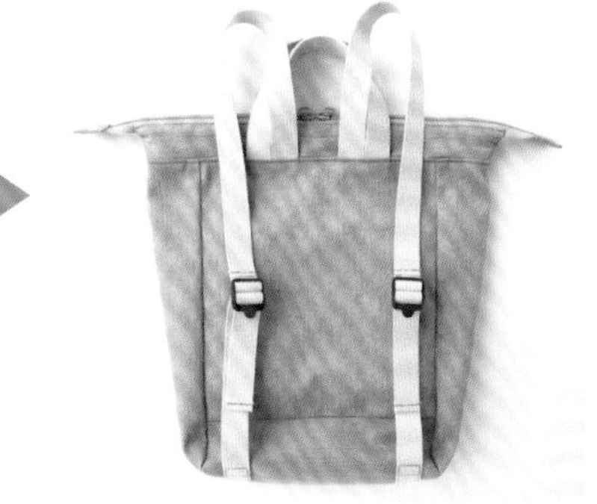

車縫完成的樣子。

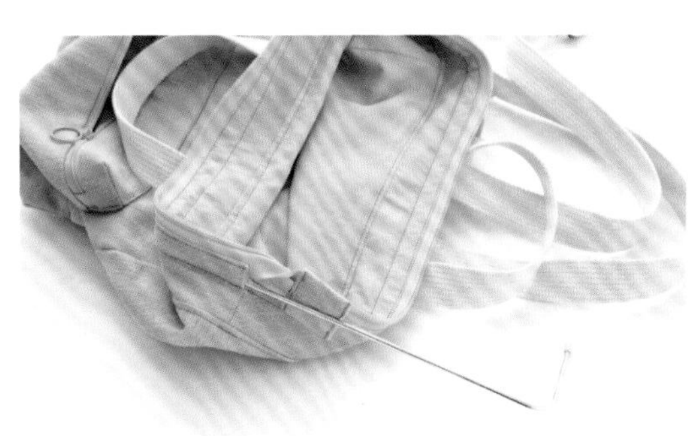

4 穿入支架口金。完成後將開口縫合。

完成

製包本事 03

後背包手作研究所：後背包手作研究所：
全圖解最實用！
肩帶、插扣、拉鍊、口袋製作教學超解析

作　　者／水野佳子
發 行 人／詹慶和
執行編輯／黃璟安
編　　輯／劉蕙寧・陳姿伶・詹凱雲
執行美編／韓欣恬
美術編輯／陳麗娜・周盈汝
出 版 者／雅書堂文化事業有限公司
發 行 者／雅書堂文化事業有限公司　郵政劃撥帳號／18225950
戶　　名／雅書堂文化事業有限公司
地　　址／新北市板橋區板新路206號3樓
網　　址／www.elegantbooks.com.tw
電子郵件／elegant.books@msa.hinet.net
電　　話／(02)8952-4078　　傳　　真／(02)8952-4084

2023年06月初版一刷　定價480元

經　　銷／易可數位行銷股份有限公司
地　　址／新北市新店區寶橋路235巷6弄3號5樓
電　　話／(02)8911-0825　　傳　　真／(02)8911-0801

國家圖書館出版品預行編目資料

後背包手作研究所：全圖解最實用!肩帶、插扣、拉鍊、口袋製作教學超解析 / 水野佳子著.
-- 初版. -- 新北市 : 雅書堂文化事業有限公司, 2023.06
面；　公分. -- (製包本事 ; 3)
ISBN 978-986-302-674-7(平裝)

1.CST: 手提袋 2.CST: 手工藝

426.7　　112007844

水野佳子

縫紉設計師。
《バッグ作り教室》（主婦與生活社）、《エコファーで作る（暫譯：環保皮草手作）》、《きれいに縫うための パターン 裁 縫い方の基礎の基礎（暫譯：漂亮車縫 打版、裁布車縫的基礎）》（皆為文化出版局），出版過多本解說作法的書籍。

原書製作團隊

攝影／落合里美
有馬貴子　岡 利恵子（主婦與生活社照片編輯室）
造型擺設／南雲久美子
排版／平木千草
型紙 裁布圖トレース／並木 愛
攝影／滄流社
責任編輯／山地 翠